計測・制御
テクノロジー
シリーズ
11

計測自動制御学会 編

プロセス制御

高津 春雄 編著

コロナ社

出版委員会（平成12年度）

委員長	黒森 健一
委員	岩月 正見
（五十音順）	國藤 進
	田村 安孝
	松尾 芳樹
	武藤 康彦
	劉 康志
	渡辺 嘉二郎

（本シリーズ企画時の出版委員会構成）

まえがき

　本書は，プロセスオートメーションの基礎をなすプロセス制御について解説したものである。プロセスオートメーションは，各国の基幹産業として信頼性，継続性，適応性を保つため，つねに市場のニーズを先取りして最新の技術が長年にわたり採用されている。本書では，実際に計測や制御を学習・研究した学生や研究者が，このプロセスオートメーション産業にその技術や知識を適用する場合に必要な情報を得られることを目的とした。

　プロセス制御のカバーする範囲は多岐にわたる。全体の構成にあたっては，計測，制御などの基本的技術から，ヒューマンインタフェース，エンジニアリング，生産管理，応用事例などの広い範囲をカバーするようにした。執筆者の選定にあたっては，各分野の専門家や実務者に執筆をお願いし，実際の問題をわかりやすく解説いただいた。実際の理論や技術を研究する視点，オートメーション製品の開発の視点，実際のプロジェクトのエンジニアリングを担当する視点，カスタマとして装置を運転管理する視点など，多彩な見方を採用した。この種の解説書は，国内はもとより海外においても類書を見つけることは難しいと思われる。

　本書は当初，大学工学部の学生を対象にした講義のテキストをベースとして作成されたが，その後，よりプロセス制御の実際を理解できるように加筆されている。そのため，そのままでも講義のカリキュラムを組むことができる。

　紙面の都合から説明が不足している箇所や，編者や執筆者の思い違いにより記載が不備な箇所が散在するかもしれないが，読者からのご教示ご批判をいただければ幸いである。

ii　ま　え　が　き

本書の執筆担当は以下のとおりである。

1章　概　論 ― プロセス制御小史 ―

　　　　　　　　　　　　　　　　　　　　　（高津春雄/横河電機(株)）

2章　計　測 ― プロセス計測機器の動作原理 ―

　　　　　　　　　　　　　　　　　　　　　（香川利春/東京工業大学）

3章　操　作 ― プロセス操作機器 ―　　　　（尾野恵一郎）

4章　制　御 ― PID 制御から APC まで ―　　　　　　（高津）

5章　運　転 ― プロセス運転とヒューマンインタフェース ―

　　　　　　　　　　　　　　　　　　（曽禰寛純/山武産業システム(株)）

6章　エンジニアリング ― プロセス制御システムの構築 ―　　（曽禰）

7章　応　用 ― プロセス制御の実際 ―

　　　　（大仲廣行/日陽エンジニアリング(株)，大貝晴俊/新日本製鐵(株)）

8章　生産管理 ― プロセス制御と生産管理 ―

　　　　　　　　　　　　（伊藤利昭/名古屋工業大学，藤田　薫/三菱化学(株)）

　　　　　　　　　　　　　　　　　　　（所属は編集当時のもの）

2002 年 12 月

　　　　　　　　　　　　　　　　　　　　　　　著　　者

目　　　次

1. 概　論 ― プロセス制御小史 ―

1.1 は　じ　め　に ……………………………………………………… *1*
1.2 プロセス制御小史 …………………………………………………… *2*
1.3 プロセス制御の将来 ………………………………………………… *11*

2. 計　測 ― プロセス計測機器の動作原理 ―

2.1 は　じ　め　に ……………………………………………………… *13*
2.2 温度の計測 …………………………………………………………… *13*
2.3 圧力の計測 …………………………………………………………… *15*
2.4 液位の計測 …………………………………………………………… *18*
2.5 流量の計測 …………………………………………………………… *20*
2.6 露点および湿度の計測 ……………………………………………… *25*
2.7 熱量の計測 …………………………………………………………… *29*
2.8 成分および濃度の計測 ……………………………………………… *30*
2.9 ま　と　め …………………………………………………………… *34*

3. 操　作 ― プロセス操作機器 ―

3.1 は　じ　め　に ……………………………………………………… *35*
3.2 自動調節弁の構造と種類 …………………………………………… *37*
3.3 自動調節弁の作動について ………………………………………… *40*
3.4 自動調節弁に要求される性能 ……………………………………… *40*
　3.4.1 調節弁の3要素 ………………………………………………… *40*
　3.4.2 有効流量特性 …………………………………………………… *43*

3.5 自動調節弁の選定 …………………………………………………… 44
　3.5.1 選定のための条件の確認 ………………………………………… 44
　3.5.2 調節弁のサイジング ……………………………………………… 46
　3.5.3 騒音への配慮 ……………………………………………………… 49
3.6 バルブポジショナ …………………………………………………… 51
3.7 自動調節弁の高機能化と今後の展開 ……………………………… 52

4. 制　御 ― PID 制御から APC まで ―

4.1 は じ め に …………………………………………………………… 56
4.2 プロセス生産制御システムの位置づけ …………………………… 56
　4.2.1 プロセス制御システムの変遷 …………………………………… 57
　4.2.2 プロセス制御システムの構成 …………………………………… 58
　4.2.3 フィールドコントロールステーションの制御機能構成 ……… 61
4.3 制御方式の構成 ……………………………………………………… 63
4.4 PID 制　御 …………………………………………………………… 66
4.5 セルフチューニングコントロール ………………………………… 75
4.6 ファジィ制御 ………………………………………………………… 76
4.7 内部モデル制御 ……………………………………………………… 78
　4.7.1 IMC の構造 ………………………………………………………… 78
　4.7.2 IMC の設計 ………………………………………………………… 80
　4.7.3 IMC の実装 ………………………………………………………… 81
　4.7.4 シミュレーション ………………………………………………… 83
4.8 多変数モデル予測制御 ……………………………………………… 83
　4.8.1 構 成 要 素 …………………………………………………………… 83
　4.8.2 CDU プラント制御のシミュレーション ……………………… 86
4.9 ま と め ……………………………………………………………… 95

5. 運　転 ― プロセス運転とヒューマンインタフェース ―

5.1 は じ め に …………………………………………………………… 97

5.2 プロセスとプロセス運転 ………………………………………… 98
5.3 プロセス制御におけるヒューマンインタフェースの発展 ………… 101
　5.3.1 アナログ操作パネル（大形計器→小形計器，空気式→電子式）…… 101
　5.3.2 分散形制御システム ………………………………………… 103
5.4 次世代システムとヒューマンインタフェース …………………… 112
　5.4.1 制御システムの進化とヒューマンインタフェースへの要求の変化 … 112
　5.4.2 統合化システムにおけるヒューマンインタフェース …………… 115
　5.4.3 将来の人とシステムのかかわり合い ………………………… 115
5.5 新しいヒューマンインタフェースのコンセプト ………………… 117
　5.5.1 ワークグループマネージメント―オペレータの新しい役割― …… 117
　5.5.2 ワークスペース管理 ………………………………………… 118
　5.5.3 操作の主導性 ……………………………………………… 119
　5.5.4 システムへの入力・出力 …………………………………… 120
　5.5.5 操作のメタファ …………………………………………… 121
　5.5.6 ツールの切換，業務の切換 ………………………………… 121
5.6 ヒューマンインタフェースコンセプト例 ………………………… 122
　5.6.1 明確なプロセスの可視性を維持するインタフェース設計 ……… 122
　5.6.2 ナビゲーションと運転支援 ………………………………… 123
　5.6.3 プラント全体像の常時監視 ………………………………… 127
　5.6.4 定常時操作の高度化（生産管理など高度な管理指標による運転）… 128
5.7 ま　と　め ………………………………………………………… 129

6. エンジニアリング ― プロセス制御システムの構築 ―

6.1 は　じ　め　に …………………………………………………… 131
6.2 プラントエンジニアリングと計装エンジニアリング …………… 131
　6.2.1 プラントエンジニアリング ………………………………… 131
　6.2.2 制御システムのエンジニアリング ………………………… 133
6.3 エンジニアリングの環境とツールについて …………………… 138
6.4 エンジニアリング入門 …………………………………………… 144
6.5 エンジニアリングの今後の展開 ………………………………… 155

7. 応用 ― プロセス制御の実際 ―

7.1 はじめに ……………………………………………………… 157
7.2 石油精製プロセスにおける応用 ……………………………… 157
　7.2.1 石油精製プロセス概要 …………………………………… 157
　7.2.2 石油精製プロセスにおける制御の目的 ………………… 159
　7.2.3 石油精製プロセスの制御例 ……………………………… 161
7.3 鉄鋼プロセス制御 …………………………………………… 175
　7.3.1 鉄鋼プロセスの概要 ……………………………………… 175
　7.3.2 熱延板厚制御 ……………………………………………… 177
　7.3.3 冷延形状制御 ……………………………………………… 181
　7.3.4 棒鋼の寸法制御 …………………………………………… 184
　7.3.5 熱延加熱炉制御 …………………………………………… 189
　7.3.6 連続鋳造レベル制御 ……………………………………… 192

8. 生産管理 ― プロセス制御と生産管理 ―

8.1 はじめに ……………………………………………………… 197
8.2 運転の最適化 ………………………………………………… 199
　8.2.1 ユニットプロセスの最適化制御 ………………………… 199
　8.2.2 プラント全体の最適化制御 ……………………………… 200
　8.2.3 エネルギー供給の最適化制御 …………………………… 203
8.3 計画の最適化 ………………………………………………… 205
　8.3.1 設備稼動計画 ……………………………………………… 205
　8.3.2 原材料手配のための計画 ………………………………… 206
　8.3.3 日々の生産スケジュール ………………………………… 210
8.4 制御と管理のシステム化 …………………………………… 211

参 考 文 献 ………………………………………………………… 215
索　　　引 ………………………………………………………… 220

1 概論
－プロセス制御小史－

1.1 はじめに

　20世紀後半の工業社会の発展は，石油工業，化学工業に代表されるプロセス工業にその基盤の多くを依存していたといえる。プロセス工業の特徴は，素材装置産業という言葉に表されるように，プラントに原料とエネルギーを加えて，プラントの環境を支配する流量（F），温度（T），圧力（P）などのFTP量を一定の値に維持することにより，所定の品質を持つ製品を作り出そうとするものである。このプロセス工業の制御をプロセス制御と呼び，部品を組み立てて製品を作り出す組立加工産業とは異なる形態を持つ。

　プロセス制御も，電気工学や機械工学とともに発展した制御工学を取り入れて，原料，エネルギーの性状の変動や自然環境条件の変動に対してFTP変数を所定の値に維持するフィードバック制御や，プラントの立上げや停止，運転モード切換のためのシーケンス制御，運転目標の変動に合わせてFTP変数を目標値に追従させるトラッキング制御，市場環境の変化に追従してプロフィットを最大にするようにFTP変数を操作する最適制御などから構成されている。プロセス制御は，プロセス工業の性格から元来，複数の変数を同時に操作する多変数制御であり，連続して原料，エネルギー，半製品，製品を生成する連続プロセスである。また，時間応答の遅いシステムであるため，物質収支計算，エネルギー収支計算に基づく安定状態の維持が重要である。

　プロセス制御の効用と将来展望を理解するためには，過去の歴史を顧みるのが最も有効な方法である。次節ではプロセス制御の歴史について述べる。

1.2 プロセス制御小史[1]~[5]

　プロセス制御の歴史を振り返るとき，つぎの三分野の発展が相互に関連している。一つはプロセス制御の理論的基礎となる制御理論・制御工学である。2番目は実際に産業応用として発展してきたプロセス制御機器・プロセス制御装置である。3番目は時代の流れである半導体技術，コンピュータ技術の発展である。**表 1.1** に三者に関する代表的な項目を拾い上げてみた。三者は相互に影響し合い，プロセス制御を発展させてきた。

　〔**1**〕　**1700年代：産業革命とフィードバック制御**　　18世紀の産業革命時には，現代社会の基礎となる多くの発明・発見が行われた。なかでも，1769年のジェームズ・ワットによる蒸気機関とそのガバナ（遠心調速機）は，その後のフィードバック制御・プロセス制御の基礎となる発明である。ワット以前にも蒸気機関の発明は報告されているが，蒸気の回転速度を一定に保つためのガバナの動作原理はフィードバック制御そのものであり，蒸気機関の出力を一定に保持するこの自動制御のしくみこそが蒸気機関の産業応用を可能とし，またこれを広く普及させた。

　蒸気機関以外にも，ふ化器や温水加熱装置の温度制御，スチームボイラのフロートによるレベル制御，ボイラの圧力制御など，フィードバック制御が平行して発明され，実用化された。

　〔**2**〕　**1800年代：古典制御理論**　　1800年代中ごろになり，産業機器の安定解析に微分方程式が導入されるようになった。電磁気学のマクスウェルがガバナの安定性解析の論文を1868年に発表したのに始まり，ラウス（安定根の存在条件），リアプノフ（漸近安定），フルビッツ（安定判別）らが順次，安定論を発表した。やがて，これらは微分方程式モデルに基づくフィードバック制御の設計方法として確立された。この当時の制御理論は後に古典制御理論と呼ばれ，基本的に一入力一出力系であること，周波数領域での設計方法であることを特徴とする。また，このときに開発された根軌跡法が1980年代のロバス

表 **1.1** プロセス制御の歴史

年代	制御理論・制御工学	制御システム機器	関連技術・世界の動向
1769			ワット (Watt) 蒸気機関と遠心調速機, 産業革命
1866	マクスウェル (Maxwell) "On Governors"		
1877	Routh 安定判別法		
1914			第一次世界大戦勃発
1932	ナイキスト (Nyquist) 安定判別法		
1936	チューリングマシン		
1940			第二次世界大戦勃発
1942	Ziegler & Nichols 調整法		
1945			ISA 発足
1946			電子計算機 ENIAC 完成
1947			トランジスタ (AT & T)
1948	ウィーナー (Winner) サイバネティクス	Foxboro 社 d/p セル開発	
1952	Bellman 動的計画法		
1956	Pontryagin 最大原理		FORTRAN
1957			人工衛星打上げ
1958			IC が開発される
1960	カルマンフィルタ		第 1 回 IFAC (モスクワ) 開催される
1962		ICI 社世界初の DDC	
1964			IBM システム 360 を開発
1965		北辰 (F & P) DDC 発表	
1966		横河 YODIC 500 発表	
1968			LSI 発表, DEC PDP-8
1970			液晶・LSI 電卓
1971		電子式制御装置出現	4 ビット μ プロセッサ 4004
1972			
1973		ISA 4-20 mADC を標準信号	

表 1.1 プロセス制御の歴史（つづき）

年代	制御理論・制御工学	制御システム機器	関連技術・世界の動向
1974			8ビットμプロセッサ 8080
1975		DCS (CENTUM, TDC) 出現	
1978	Richalet MAC		16ビットμプロセッサ 8086
1979	Cutler DMC		UNIX
1982	Doyle H^∞		32ビットμプロセッサ iAPX 432
	Morari IMC		
1983			RISCプロセッサ 801
1990	ファジィ，ニューラルネットワーク		ワークステーション出現 (Alpha，SPARC)
1991			情報家電化時代へ
1992			JAVA
1993			Pentium
1995			Windows 95
2000		オープン計装システム出現	Windows 2000，Pentium 1 GHz

注）CENTUM は横河電機(株)，UNIX は The Open Group，SPARC は SPARC International Inc.，JAVA は Sun Microsystems Inc.，Pentium は Intel Corporation，Windows は Microsoft Corporation の登録商標．

ト制御において再度注目を浴びることになるのは興味深い．

〔3〕 **1900年代前半：世界大戦と工業計器** 20世紀前半，科学技術の進歩による人類の活動範囲の拡大は通信システムと交通システムを大きく発展させたが，この二つはまた制御工学の発展にも大きく貢献した[6]．通信システムでは，いかにノイズを除去して信号のみを安定に増幅して長距離間で伝えるかが重要である．ナイキスト（発振器の理論）やボード（ボード線図）などは通信システムの安定性向上に貢献した．交通機関では船の制御と操縦技術が発展し，ジャイロコンパスが発明された．制御機器の面から興味深いのは，1922年に船の自動操舵制御においてミノルスキーが始めて PID 制御の原理を発表したことである[7]．船の舵手が船を操る方法が，この PID 制御の3要素と同じである．1930年代には，この PID 制御を空気式で実現した操作弁も商用化さ

れている。PID制御はその後プロセス制御の主流となり，現在でも90％以上の制御ループはPID制御である[8),9)]。

1900年代前半の2度にわたる世界大戦は，いろいろな面で技術の発展をもたらした。化学産業支援のために各種計測装置や制御装置が開発され，軍需産業の生産性の向上に寄与した。制御技術や制御理論の面でも，周波数領域での補償要素設計論である古典制御理論が確立された。また，サーボ追尾機構やORなどのシステム手法もこの時期に始まり，これらは戦後，ウィンナーやコロモゴロフらにより，情報理論，予測理論として確立された。

プロセス制御の面では，1930年代になり空気式工業計器の原理が確立された。最も広く普及するのは1950年代になってからである。日本でも，1950年代以前ではプロセス制御の主流製品は各種の計測器であり，海外から輸入や技術導入することにより，山武（ブラウン社，後にハネウェル社と技術提携），横河電機（1955年にフォックスボロー社と技術提携），北辰電機（フィッシャー＆ポーター社と技術提携）などの企業の基礎が確立された[10)]。

戦前，戦時中の計測と制御の技術交流の流れは1945年にISA (Instrument Society of America) を誕生させた。日本では1948年に日本計測機器工業会（戦前の日本電気計測器製造工業統制組合）が自動化，省力化など産業界の発展のために発足した。計測自動制御学会が設立されるのはその15年後である。

〔4〕 **1950年代，1960年代：コンピュータと現代制御理論** 　1950年代，1960年代は宇宙時代の幕開けであった。1957年にソビエト連邦による最初の人工衛星スプートニックの打上げ，1969年にはアメリカによる月面着陸が実現した。制御技術の面では，これらの制御対象を表現する非線形微分方程式を扱うために，時間領域でかつ多変数システムを設計するための制御理論が期待された。

1957年にベルマン（動的プログラミング）は，離散時間システムの最適制御に動的プログラミングを適用した。ポントリアギンは，1958年に最大原理をオイラーの変分問題に適用した。カルマンは1960年前半に，線形2次形式評価関数によるレギュレータの設計や最適フィルタリングに関する新しい制御

理論に関する論文を発表した。これらは入出力データから状態変数を用いて制御対象のモデルを構築し，このモデルに基づいて時間領域で制御系を設計しようとする方法である。この理論は，**LQG**（linear quadratic gaussian）制御として現代制御理論の基礎となった。

現代制御理論では，前述の古典制御と異なり，モデルを状態方程式で記述し設計の評価関数を2次形式関数で定義するため，当時出現したコンピュータの上で実行するのに適していた。1960年に最初のIFAC（国際自動制御連盟）の会議（ここでカルマンらが上記の論文を発表）がモスクワで開催されたのは，制御理論，制御工学の東西両陣営の交流の観点から興味深い。

この時代のもう一つの重要な技術はコンピュータの出現である[11]。1940年代に出現したトランジスタなどの半導体技術を用いて，1950年にUNIVACが最初の商用コンピュータを発表した。1960年代には第2世代のコンピュータが出現し，1964年にIBMが大型コンピュータ（メインフレーム）360シリーズを，1968年にはDEC社が産業用コンピュータ（ミニコンピュータ，以下ミニコン）PDP-8を市場に供給した。

プロセス制御の面でも，第2次世界大戦後の産業の発展は制御機器も発展させ，プラント全体を計測制御する装置として空気式，電気式，電子式の計器が1960年代までにつぎつぎと発表され，パネル型計装システムがプラントに納入された[12),13)]。プロセス制御機器については4章にも記載したので詳細は省略する。電子式計器の出現当初，フィールドレベル信号はベンダごとに異なっていたが，1973年にISAが4-20 mADCを標準信号として設定した。日本では1986年にJISにて統一信号として定義される。

コンピュータの発展は計測制御の分野でも**SCC**（supervisory computer control）や**DDC**（direct digital control）と呼ばれるプロセス制御を普及させた[14]。1961年にICI社がDDCの構想を発表，1964年のISA Showでは各社のDDCが展示された。日本では1965年に北辰電機とF&P社が共同でDDCを発表，1966年には横河電機がYODIC-500を発表，1968年には山武がH20コンピュータシステムを発表し，これらは引き続き先端ユーザのサイト

にて実用化実験が行われた。制御用ソフトウエアの面でも，プロセス制御用言語や FIF（fill in the form）による生産性向上のための標準化が培われた。

〔5〕 **1970年代，1980年代：マイクロプロセッサと DCS** 1970年代のマイクロプロセッサの出現とその後の急速な進歩は，プロセス制御システムにも大きな変革をもたらした。1975年に横河電機とハネウェル社からディジタル制御システム（DCS）が別々に発表された。コントローラを8ループや16ループ単位に分けることにより，従来のコンピュータシステムと比較してループ単価の低減と安全性の確保を実現させた。

一方，オペレータインタフェースは CRT により統合され，運転監視操作の集中とより高度な情報表示が可能となった。1975年に発表された DCS は，その後20年以上計装システムの一翼を担っている。マイクロプロセッサはその価格低下と機能高度化に伴い，1980年代にはシングルループコントローラにも搭載された。

LQG 制御はその理論のスマートさから航空宇宙産業などその前提条件が成立する産業では使用されたが，工業プロセス産業では適用上の現実問題の制約から，すぐに実用化，普及化にはいたらなかった。工業プロセスでは，最適な運転ポイントが複数の制約条件の交差点に存在することが多く制約条件が不可欠であること，石油精製や化学反応モデルを状態空間モデルにすることが難しいこと，運転の評価関数を LQG 関数で表せないことなどがその要因であった。

プロセス工業では最適問題をダイナミックに解く方法が独自に検討され，1970年後半にリシャレー（IDCOM）とカトラー（DMC）によりモデル予測制御 MPC と呼ばれる制御方式が発表され，実用化された[15]。

モデル予測制御は，予測区間と呼ばれる将来の時点でのプラントの動きをオンラインで計算し，その挙動が目標値応答に一致するように制御出力を計算する方法である。モデル予測制御は，実プラントでの運転経験から構築されたロバストな制御手法として石油精製，石油化学産業に広く普及した。モデル予測制御はその後，2次形式評価関数を用いた入出力制約条件の取込みや，状態空

間表現の採用,オブザーバによる外乱補償など種々の改良が加えられた。理論面でも,モラリのIMC(内部モデル予測制御)やクラークのGPC(一般予測制御)により解析や応用が行われた。MPCは常圧蒸留装置や流動接触分解装置,エチレンプラントなどの大規模プラントの運転制御方式として適用されるようになり,プラントのノウハウとモデル予測制御を組み合わせてビジネスを展開する会社が出現した。現在では,アスペンテクノロジー社,ハネウェル社,シェルグローバルソリューションズ社などがある。

理論と実際問題のギャップを埋めるそのほかの理論として,アストロンやランドウなどによるセルフチューニングコントローラや適応制御などがあるが,これらについては参考文献[16]を参照されたい。セルフチューニングコントローラの技術は,プロセス制御に広く使用されているPID制御のオートチューニング機能として広く普及した。

制御理論の分野でも時間領域一辺倒の設計方法が見直され,周波数領域法も含むビジュアルなアプローチやロバスト性を考慮した設計方法が加えられた。ローゼンブロックやマックファーレンらは古典的周波数領域の手法を多変数制御系の設計に拡張した。ドイル,フランシスらはモデルの不確かさや外乱を考慮したロバストな安定性理論を発表した。これは構造化特異値によるモデルの不確かさを定義して設計しようというアプローチである。これらはその後,ロバスト制御,H^∞制御として確立された。従来までの制御ではモデル誤差や外乱などの不確定要素は統計量として扱われていたが,ロバスト制御では,不確定要素に境界を設けてその値以下にするように設計する。H^∞制御では,評価関数として入力から出力までの閉ループ伝達関数の周波数応答ゲインの値をとり,その値がある値以下になるように状態方程式を用いて設計する。ロバスト制御やH^∞制御により古典制御と現代制御の長所を取り込んだ制御理論として体系化された[17]。

〔**6**〕 **1990年代:オープン化システムとオープンネットワーク** 1970年代に出現したマイクロプロセッサは,16ビット,32ビットと急速に高機能化してきた。また従来のCISCチップに代わり,高速処理用にパイプライン処理

を施したRISCチップが現れ，これらはDEC alpha (DEC社)，HP Work Station (HP社)，SPARCstation[†] (Sun Microsystems社) のワークステーションの登場となった。

ワークステーションはメインフレームやミニコンの代替機種として産業用コンピュータとして使用され広く普及した。この時点でプラットフォームのオープン化の波が始まったといえる。ソフトの世界でも，オペレーティングシステム（以下，OS）はOpenVMSやUNIXが一般的となり，ワークステーション上で稼動した。

1990年代後半になってマイクロプロセッサのスピードがさらに速くなるにつれ，計装の世界でもパーソナルコンピュータ（以下，PC）が使用されるようになり，オープンシステム志向のシステムが出現した。オープンな環境は，単に処理の高速化をもたらすだけでなく，コントローラやプラントのシミュレーションを実機上で実現できるなどの新しい機能の提供を可能とし，ひいては計装システムの使い勝手の向上をもたらした。またプロセッサの高速化は，ソフトウエアの世界でもオブジェクト指向技術やプロセッサ非依存言語（HTML, XML, Java）などを推し進めた。この結果1990年代末では，インターネット，イントラネットに代表されるネットワーク志向の計装システムの出現となった。

制御の世界では，従来機能がより高速化，大容量化するとともに，ニューラルネットやウェーブレット変換など，いわゆるソフトウエアセンサや各種設計・解析・シミュレーションツール群が広く普及してきた。

ニューラルネットは，人の神経細胞構造を模擬して，複数入力を荷重結合するニューロン素子を相互に多数結合して，ネットワーク上に接続したものである。荷重結合の強さを学習により変化させることにより多彩な非線形結合系を実現できること，ニューロン素子は並列動作が可能であるなどの長所を持つ。ニューラルネットとしては，パーセプトロン（ロゼンブラット，1962），ホッ

[†] SPARCstationはSun Microsystems Inc. の登録商標。

プフィールド（1982），バックプロパゲーション（ラメルハート，1986）などの方式があるが，プロセス制御ではバックプロパゲーション方式が普及した。

バックプロパゲーション方式は，最急下降法を用いて実際の出力と希望する出力の誤差が最小になるように結合荷重を調整できる。プロセス制御では，石油の組成や化学物質の組成の性状推定に適用されている。一方，ウェーブレット変換は，時系列データをスペクトル解析する手法として1980年代初頭にモルレーが提案した。データを時間領域と周波数領域の両方で同時に解析する方法である。フーリエ変換が複数の波を重ね合わせて関数を表現するのに対して，ウェーブレット変換は短い波"Wavelet"を重ね合わせて関数を表現する。ウェーブレット変換の応用として，非定常データの解析と故障診断などが挙げられている。

1990年代後半には，プロセス計測制御の分野で国際通信仕様の標準化が確立され，普及した。一つは，制御システムとその上位の情報システムとのプロセスデータの接続仕様であり，OPCファウンデーションによるOPCデータアクセス仕様が1996年に標準仕様として認定された。OPCはパソコンのOLE仕様のプロセス工業版であり，OPCファウンデーションに参加した各社が共同して標準仕様の作成やサンプルコーディング，相互接続テストを行ってきた。もう一つはフィールドバス協会の国際フィールドバス標準規格の制定であり，前述の4―20 mADC統合以来，フィールド機器間の接続仕様が標準化された。ディジタル通信により配線コストの削減や機器選択の自由度の向上とともに，機器間の通信性能と容量が今後向上することが期待できる。

インターネットの普及とともにインターネット上で扱うデータの記述フォーマットも標準化された。1986年にISOにてISO 8879としてSGMLが制定されたが，1990年代になり，SGMLの応用言語であるHTMLがWebとともに急速に普及した。HTMLの普及はタグ名が固定であるという制限，厳密な構文解析が難しいという欠点を明らかにし，新しい言語としてXMLの仕様が1998年に作成された。

1.3 プロセス制御の将来

過去の歴史を振り返ると，プロセス制御に大きな影響を与えた時代の流れに気づく．一つは産業革命であり，その結果としての大量消費工業社会の出現である．プロセス制御の対象であるプロセス産業も，その大衆消費社会実現の過程で発生した．制御工学，制御理論も，工業社会のニーズを実現する学問としてこの時点からスタートした．二つ目は半導体やコンピュータなどのディジタル技術である．プロセス制御装置の形は時代とともに変遷してきたが，それらはその時代に最新なディジタル技術を取り込んで製品化された．

そこで21世紀の動向を予測すると三つの流れがある．一番目はオープン化，標準化の流れであり，二番目はプラントワイドな制御志向であり，三番目は有限な資源や環境問題など地球環境重視の流れである．

企業はいつの時代にも，品質，生産性，利益率，技術力，安全性，耐環境性の向上を求めている．使用するソフトウエアや機器がオープン仕様となって標準化されれば，機器の互換性，相互接続が可能となり，ライフサイクルの観点からコストの削減，稼働率の向上，利益率の改善につながる．1990年代のOPCやフィールドバスなどの標準化傾向や，UNIXやWindowsなどのデファクトスタンダード化はこの傾向を示している．インターネットやThinクライアントなどもこの流れを示している．

プロセス制御は，オープンループ制御，フィードバック制御，多変数制御という具合に，その制御対象の範囲を広げてきた．制御の評価基準も，一変数の制御偏差最小から経済指標の最大化，使用エネルギーの最小など，より複雑化してきている．高い生産性や製品品質の向上のためには，プラント全体をその制御対象としたプラントワイドな制御方式が期待されている．

プロセス工業の原料や燃料は有限な自然の生成物であり，地球温暖化の一因であるCO_2や廃棄ガスであるSO_x，NO_xなどもプロセス工業の生成物である．また，過去にそうであったように，プラント故障時の人間社会，自然界への影

響度はプラントの安全設計を不可欠な要素としてきている。地球環境重視の流れはプロセス制御にとっても重要な課題である。プロセス制御の観点からは，超低硫黄分ガソリンであるグリーンオイル実現のためのプロセス制御，廃棄生産物をも含めた最適化運転条件の算出，過去の運転データとプラントシミュレータによる制御装置故障予測と故障時の環境アセスメントなど，広範囲な運転支援ソフトウエアの充実が今後期待されている。

　以上，プロセス制御の概論について述べてきたが，各章の"はじめに"にも関連する技術の記載をお願いしてある。後述する各論を読んだ後に，読者が21世紀のプロセス制御について展望することを期待したい。

2 計　　　　測
―プロセス計測機器の動作原理―

2.1　は　じ　め　に

　プロセス制御は，計測，制御，操作，情報の機能から構成される。"はかる"ことはプロセス制御の基本であり，そこからすべてが始まる。本章では，プロセスの代表的な状態を示す温度，圧力，液位，流量，熱量，成分などのプロセス計測の動作原理について紹介・説明する。

2.2　温　度　の　計　測

　温度の計測には，熱電対，測温抵抗体，圧力温度計，放射温度計などが使用されている[1]。以下にその原理を紹介する。
　〔1〕**熱　電　対**　**熱電対**には，白金―ロジウム，クロメル―アルメル，鉄―コンスタンタンなどがある。
　【原理】
　図 *2.1* のように異なった2種類の金属導体AとBの両端を接合し，両接点に温度差を与えると，その間に熱起電力が生じて回路中に電流が流れる。これは，1821年にT. J. Seebeckが銅とアンチモンとの間で発見した現象で，発見者の名前をとって**ゼーベック効果**と呼ばれている。
　また図 *2.2* のように金属AとBを接合させ，bとb′とを同一温度に保ち，この状態で接合点aの温度をいろいろ変えてみると，「AとBとの間に生ずる熱起電力と点aの温度は一定の関係をもっている」ことがわかる。このb-b′

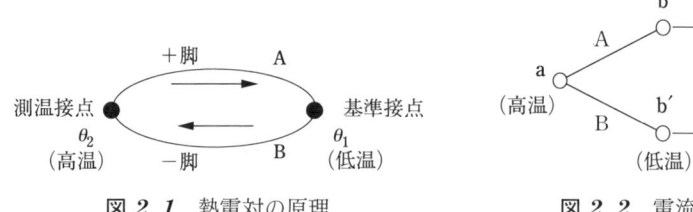

図2.1　熱電対の原理　　　　図2.2　電流の発生

間に生じる熱起電力は，2種の金属の種類と両接点間の温度によって定まり，金属の形状や寸法，途中の温度変化には影響されない。したがって，2種の金属の種類と熱起電力の大きさ，一方の接点の温度がわかっていれば，他方の温度を知ることができる。

〔2〕**測温抵抗体**　**測温抵抗体**には，白金，銅，ニッケル，サーミスタなどがある。

【原理】

一般に，物質の電気抵抗は温度によって変化することが知られている。金属は温度にほぼ比例して電気抵抗が増加するという正の温度係数をもっており，金属の純度が高いほどこの温度係数は大きくなる。測温抵抗体は，**図2.3**のように白金・ニッケル・銅などの純金属を用い，これらの金属の抵抗値の温度依存性を利用した温度センサである。その金属の電気抵抗を測定することによって，温度を知ることができる。

サーミスタは温度によって抵抗値の変化する抵抗体のことで，thermally sensitive resistor の略称である。抵抗値変化の性質から，正特性（温度が上

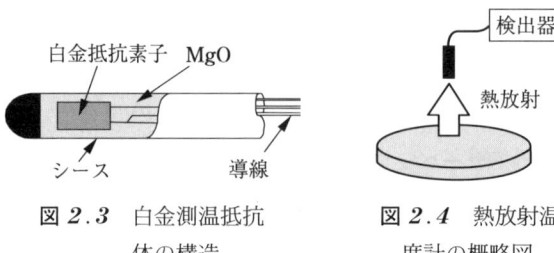

図2.3　白金測温抵抗体の構造　　図2.4　熱放射温度計の概略図

がると抵抗値が高くなる）と負特性（温度が上がると抵抗値が低くなる）のものがあるが，**負特性サーミスタ**（**NTC**：negative temperature coefficient）が一般的である。

〔3〕 **圧力温度計**　圧力温度計は，感温バルブ中に封入した液体の膨張収縮による圧力変化，あるいは揮発性液体の蒸気圧変化によってブルドン管を動かす構造になっている。

〔4〕 **放射温度計**　放射温度計には，熱感知形（熱放射線による受熱面の温度上昇を熱電対などで測る），光量子感知形（光電効果や光起電力効果を利用する）などがある。

【原理】

図 2.4 のように物体から放射される電磁波（熱放射）を検出して非接触で温度を検出する方式であり，一般に近赤外および中間赤外の波長帯が用いられる。単色放射温度計測では測定対象物の放射率が正確にわかっている必要がある。放射率誤差に起因する温度計測誤差 $\varDelta T$ は次式で与えられる。

$$\varDelta T = \pm \frac{T^2 \lambda}{14\,388} \frac{\varDelta \varepsilon}{\varepsilon}$$

ただし，λ：測定波長〔μm〕，$\varDelta \varepsilon$：放射率誤差である。

〔5〕 **2色温度計**　2色温度計は，光電子倍増管を用いて二つの波長における放射強度の比を測ることにより温度を測るしくみになっている。

2色放射温度計では放射率がわからない場合でも温度を推定することが可能であるが，二つの波長の放射率の比がつねに等しくなければならない。

2.3 圧力の計測

圧力の計測には，U字管式，沈鐘式，リングバランス，ひずみゲージ式圧力センサなどが使用されている[2]。以下にその原理を紹介する。

〔1〕 **U字管式**（図 2.5）

〔2〕 **沈鐘式**（図 2.6）

16   2. 計 測 — プロセス計測機器の動作原理 —

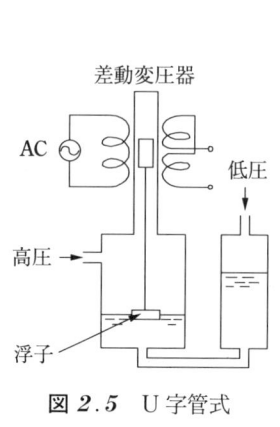

図2.5 U字管式

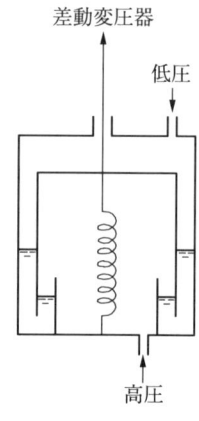

図2.6 沈鐘式

〔3〕 リングバランス（図2.7）

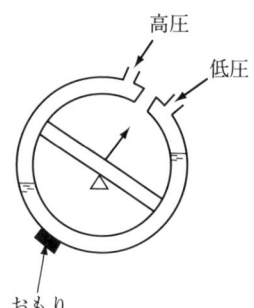

図2.7 リングバランス

〔4〕 弾性圧力計　　**弾性圧力計**は，ブルドン管，ベローズ，ダイアフラム，空ごうなどの弾性変形を利用したものである。

【原理】

図2.8に示すように，ブルドン管材料の縦弾性係数をE，断面の長径と短径をそれぞれ$2a$および$2b$，ブルドン管の肉厚をh，曲がり半径をR，曲がり角をθ，半径の変化をΔR，封端の変位をS，ブルドン管内外の圧力差をpとすればつぎの関係がある。

$$\frac{\Delta R}{R}\frac{E}{p} = \frac{a^3}{h^3}\frac{k_3}{(1 + \lambda^2 k_1)}$$

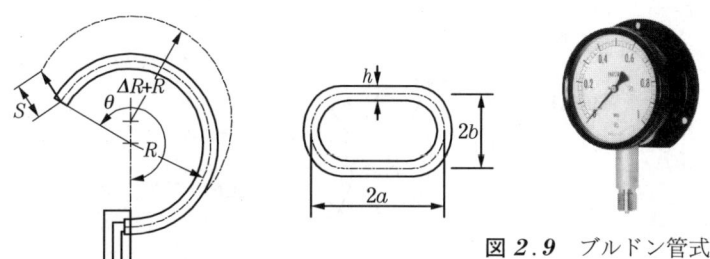

図 2.8 C形ブルドン管の封端の変位

図 2.9 ブルドン管式圧力計
（長野計器（株）より許可を
得て掲載）

$$\frac{S}{\Delta R} = \sqrt{2(1-\cos\theta) - 2\theta\sin\theta + \theta^2}$$

ここで $\lambda = a^2/(Rh)$，また k_1, k_3：断面形状とその長短径比によって決まる定数である．上記二式から封端の変位 S は圧力差 p に比例することがわかる．図 2.9 に，弾性圧力計の例を示す．

〔5〕 **ひずみゲージ式圧力センサ**　ひずみゲージ式圧力センサは，圧力による電気抵抗の変化を利用したものである．

【原理】

ひずみゲージとは，図 2.10 のように薄い電気絶縁物のベースの上に格子上の抵抗線またはフォトエッチング加工した抵抗箔を形成し，引出し線を付けたものである．この形式の圧力センサは，弾性特性や耐食性の優れた材料をダイアフラムとして圧力検出に用い，それに直接ひずみゲージを蒸着することによって圧力を測定する．

〔6〕 **圧電圧力計**　圧電圧力計は，チタン酸バリウムなどの圧電素子を利用したものである．

【原理】

圧電性物質の素子に外力を加えて変形を起こさせると，素子の表面に素子の応力に比例する電荷を発生することを利用したものである．

〔7〕 **熱伝導真空計**　熱伝導真空計は，低圧下では気体の熱伝導率は圧力にほぼ比例することを利用して，熱線の温度変化に伴う電気抵抗の変化に変換

18 2. 計 測 ― プロセス計測機器の動作原理 ―

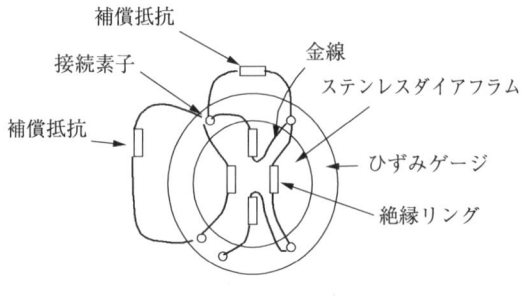

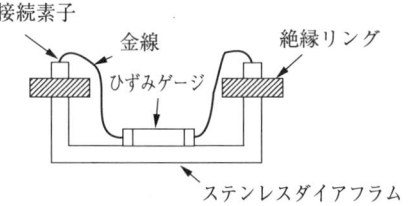

図 **2.10** ひずみゲージ式圧力センサ

するしくみである。

〔8〕 **電離真空計**　　**電離真空計**は，熱電子または放射線によって気体を電離させ，生じたイオン電流を測るしくみである。

2.4 液位の計測

液位の計測には，差圧式，浮子式，気泡式，静電容量式，電極式，超音波式，放射線式などが使用されている[2]。以下にその原理を紹介する。

〔**1**〕 **差 圧 式**　　**差圧式**は，タンク底面と上部気相の差圧を測る方式である。

【原理】

図 **2.11** に示すように，内液密度を ρ，重力加速度を g，液位を h，液面の圧力を P_1 とすると，計測位置の圧力 P_2 は次式で表される。

$$P_2 = \rho g h + P_1$$

$P_1 = 0$ とすると

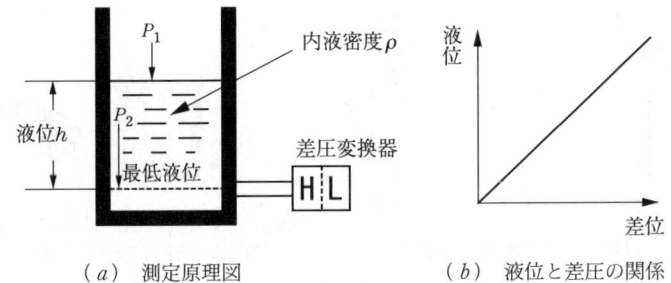

(a) 測定原理図　　　　(b) 液位と差圧の関係

図 **2.11**　開放タンクの場合の差圧による液位測定

$$P_2 = \rho g h$$

となり圧力から差圧変換器を使って液位が測定できる。

〔2〕 **浮　子　式**　　**浮子式**は, 液面に浮かべた浮子 (フロート) の変位を測るか, または浮子に働く浮力とばねの弾性力を釣り合わせる方式である。

〔3〕 **気　泡　式**　　**気泡式**は, 液中に挿入した細管の先端から空気を噴出させるときの背圧を測る方式である。図 **2.12** に気泡式液位計測システムの一例を示す。

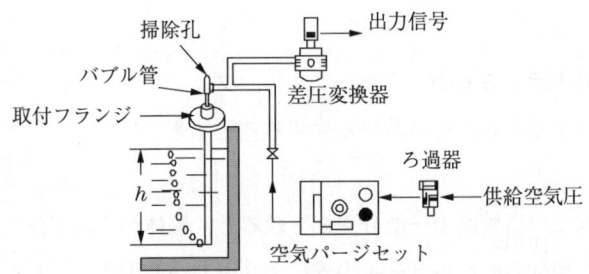

図 **2.12**　気泡式液位計測システム

〔4〕 **静電容量式**　　**静電容量式**は, 液中に電極を挿入し, 液位の変化に伴う静電容量の変化を測る方式である。

〔5〕 **電　極　式**　　**電極式**は, 液体に接触した電極とアース間に流れる微小電流を測定し, 原料レベルを検出する方式である。図 **2.13** に, 電極式液位計の一例を示す。

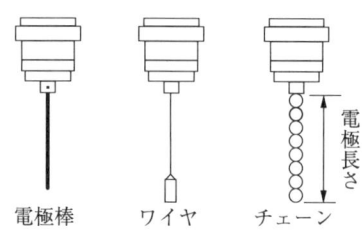

図 2.13 電極式液位計

図 2.14 超音波式液位計（東京計装 (株)より許可を得て掲載）

〔6〕 **超音波式** 超音波式は，超音波が液面で反射されるときの伝搬時間を測る方式である。図 2.14 に，超音波式液位計の一例を示す。

〔7〕 **放射線式** 放射線式は，γ 線が液体と気体によって吸収される割合が異なることを利用したものである。

2.5 流量の計測

流量の計測には，絞りを用いるもの，面積式流量計，容積式，翼車式，電磁流量計，渦流量計，超音波式などが使用されている[3)4)]。以下にその原理を紹介する。

〔1〕 **絞りを用いるもの** オリフィス，フローノズル，ベンチュリ管などを流れに挿入するとき，その前後に生ずる差圧を測る。

【原理】

流体の流れている管路の一部分を細く絞ると，流体がその部分を通過するときその速度が増加し，ベルヌーイの式により圧力が減少する。したがって，絞り前後の圧力差と流量との間には一義的な関係があり，圧力差を測定すれば流量を求めることができる。

ベルヌーイの式と連続の式により次式が成り立つ。

$$Q = \frac{\pi}{4} d^2 \alpha \varepsilon \sqrt{\frac{2 \Delta P}{\rho}}$$

ここで，Q：体積流量（絞り上流の状態），d：絞りの最小径〔m〕，α：流量係数，ε：気体の膨張補正係数（液体の場合は $\varepsilon = 1$），ρ：流体密度（絞り上

流の状態）〔kg/m³〕，ΔP：絞りの前後の差圧〔Pa〕である。

　d と ρ は，絞りの形と流体の種類と状態によって決まり，α と ε は JIS Z 8762 などから知ることができるので，差圧 ΔP を測定すれば体積流量を計算することができる。

〔*2*〕**面積式流量計**　　下方ほど細くなっているテーパ管に上向きに流体を流すと，浮子の上下に差圧が生じ，これが（重力）−（浮力）と釣り合う位置に静止する。流量が増すと差圧が増すため，浮子が押し上げられ，絞りの断面積が増して差圧が元の値に戻って落ち着く。**面積式流量計**は，浮子の変位を測ることによって流量が求まることを利用したものである。

【原理】

　浮子の体積を V_f，密度を ρ_f，最大断面積を a_f，上下の圧力をそれぞれ P_1 および P_2 とし，流体の密度を ρ とする。ベルヌーイの定理を用いることにより力のバランスから体積流量 Q は次式によって求められる。

$$Q = C \frac{A_1 A_2}{\sqrt{A_1^2 - A_2^2}} \sqrt{2g\left(\frac{\rho_f - \rho}{\rho}\right) \frac{V_f}{a_f}}$$

ここで，C：流量係数，A_1：浮子直下の断面積，A_2：浮子すき間の断面積である。C は環状路の相当直径を用いたレイノルズ数の関数となる。また，A_1 と A_2 および a_f は浮子の位置によって決まるため，上式を整理すればつぎのようになる。

$$Q = C' \sqrt{2g\left(\frac{\rho_f - \rho}{\rho}\right) \frac{V_f}{a_f}}$$

この式が面積式流量計の基本式である。

　また，テーパ管にしておけば流体が通る断面積と浮子の位置が対応するので，浮子の位置から流量が求められる。図 **2.15** にその原理図を示す。

〔*3*〕**容　量　式**　　**容量式**は，一定容量のますに流体を満たし，順次下流側に送り出す方式のものである。例として，オーバル歯車流量計などがある。

【原理】

　容器の中に二つのだ円形状の歯車が組み合わさって入っている。歯車は，下

22   2. 計 測 ― プロセス計測機器の動作原理 ―

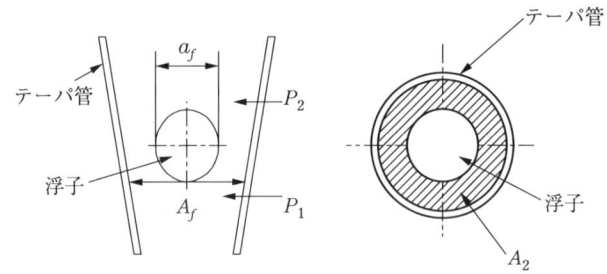

図 2.15　面積式流量計の原理

流側の面に働く圧力によって生ずるトルクの差によって一方向に回転させられるが，その際に容器の内壁と歯車の間に含まれる空間内の一定体積の流体が送り出される。図 2.16 にオーバル歯車流量計の概念図を示す。

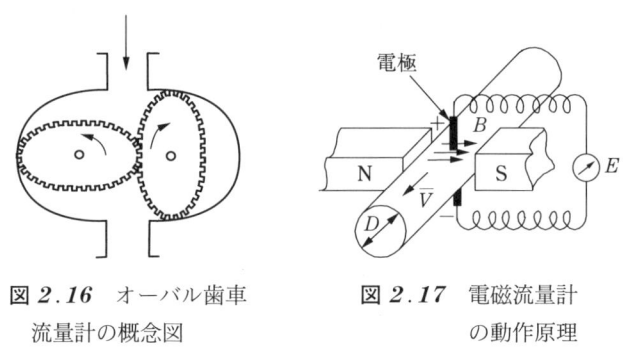

図 2.16　オーバル歯車　　　図 2.17　電磁流量計
　　　流量計の概念図　　　　　　　の動作原理

〔4〕　翼　車　式　　翼車式は，流体中に置いた翼車の回転速度を測る方式である。

〔5〕　電磁流量計　　電磁流量計は，導電性をもつ液体の流れと直角の方向に磁界を加えるとき，流れと磁界の両方に直角の方向に発生する起電力を測るしくみである。

【原理】

　この流量計の原理はファラデー（Faraday）による電磁誘導の法則に基づいている。この法則は「導体が磁界内で運動するとき，その導体内に磁界方向および運動方向の両者に直角の方向に起電力が発生し，その大きさは磁束密度と

速度に比例する」というものである。

図 2.17 に示すように，内径 D〔m〕の管内に磁束密度 B〔T〕の一様な磁界が与えられており，この間を平均流速 $\bar{v}$〔m/s〕の導電性流体が流れたとき，磁界および流れの方向に直角の方向に設けた二つの電極間に生じる起電力は次式で表される。

$$E = DB\bar{v}$$

ここで，E は発生電圧〔V〕である。この起電力を測定することで流速を求めることができる。

【特徴】
（i） 液体の圧力・温度・粘度・密度・導電率などの影響を受けない。
（ii） 圧力損失がない。
（iii） 流量指示が等分目盛になり，積算計やデータロガーなどと簡単に結合できる。
（iv） 検出遅れがなく，脈流でも正確に測定できる。
（v） 泥状液や高粘度液でも測定できる。
（vi） 流れの状態に影響されない。

〔6〕 **渦流量計**　渦流量計は，流れに直角に置いた円柱の下流側に生ずる**カルマン渦**の発生の周波数が流速に比例することを利用したものである。

【原理】

流体の流れの中に円筒を入れると，その後方に**カルマン渦列**と呼ばれる規則正しい渦の列が生じる（図 2.18）。この規則性を利用して流速を測定することができる。

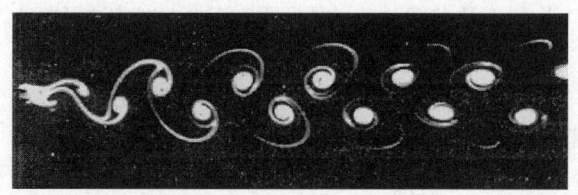

図 2.18　カルマン渦列

流速 v の流体中に直径 D の円柱を置き,発生する片側の渦の周波数を f とするとつぎのような関係がある。

$$f = St\frac{v}{D}$$

ここで,St は**ストローハル数**(Strouhal number)と呼ばれ,周期的に振動する非定常流において非定常性の強さの尺度を示す無次元数である。St は,レイノルズ数が 3×10^2 から 2×10^5 の範囲にわたってほぼ一定となり,$St = 0.202$ とみなすことができる。したがって,この領域では流速と周波数が比例するため,周波数を検出することにより流量を求めることができる。

〔7〕 **超 音 波 式**　　超音波式は,流れの中を伝搬する超音波の速さを測って流速を知る方式である。

【原理】

図 **2.19** に動作原理を示す。送波器 T_1 から超音波を発射し,受波器 R_1 でこれを受信したとする。音速を c,流速を v,送受信器間隔を L とすれば,伝搬速度は $c + v$ であるから,送波器 T_1 から発射された超音波が受波器 R_1 に到達するまでの時間 t_d は次式から求められる。

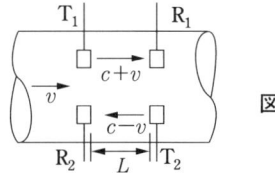

図 **2.19** 超音波式流量計の動作原理

$$t_d = \frac{L}{c + v}$$

同様に逆の T_2 から R_2 における送受信所要時間 t_u は次式となる。

$$t_u = \frac{L}{c - v}$$

これらの時間差を Δt とすれば

$$\Delta t = t_u - t_d = \frac{2Lv}{c^2 - v^2} \approx \frac{2L}{c^2}$$

となる。この方式では流体の温度変化による音速の変化により測定誤差が生じてしまう。したがって，音速に無関係にするためにつぎのような周波数を利用した測定法がある。

$f_d = 1/t_d$, $f_u = 1/t_u$ とすれば次式が成り立つ。

$$\Delta f = f_d - f_u = \frac{2}{L}v$$

したがって

$$v = \frac{L}{2}\Delta f$$

となり，音速 c と無関係に流速が求められる。

2.6 露点および湿度の計測

露点および湿度の計測には，乾湿球湿度計，塩化リチウム露点計，鏡面露点計，電気抵抗式湿度センサ，電気容量式湿度センサなどが使用されている[5]。以下にその原理を紹介する。

〔1〕 **乾湿球湿度計**　乾湿球湿度計は，以下のような原理を利用したものである。

【原理】

乾球温度計によって乾球温度 θ_D，湿球温度計によって湿球温度 θ_W を測定する。θ_D における飽和水蒸気圧 p_s と，θ_W における空気の水蒸気圧 p とから相対湿度 φ を求める。相対湿度は次式で与えられる。

$$\varphi = \frac{p}{p_s} \times 100 \quad [\%]$$

図 2.20 に，アスマン式通風乾湿球湿度計を示す。

〔2〕 **塩化リチウム露点計**　塩化リチウム露点計は，電極間に塩化リチウムを含ませた薄膜をつくり，湿度の変化に伴う電気抵抗の変化を測るしくみである。

26   2．計　測 ― プロセス計測機器の動作原理 ―

図**2.20**　アスマン式通風乾湿球湿度計（(株)佐藤計量器製作所より許可を得て掲載）

【原理】

塩化リチウムの飽和水溶液の飽和水蒸気圧は，濃度に無関係で温度のみの関数となり，飽和水蒸気圧は温度の上昇に伴って変化し増大する。

図**2.21**に示すように，周囲の気体の水蒸気圧をp，気温をt_aとする。点Aを通る水平線が水および塩化リチウム飽和水溶液の飽和水蒸気圧曲線と交わる点をB，Cとすれば，点Bが結露の点でt_bが露点温度となる。点Cに対応する温度は，塩化リチウム飽和水溶液の飽和水蒸気圧がpに等しくなるときの温度で，露点温度t_bに対応している。したがって，塩化リチウム水溶液の温度を上昇させて飽和水溶液になるような温度を測定することにより，図に示されている水と塩化リチウム水溶液のそれぞれの飽和水蒸気圧曲線によっ

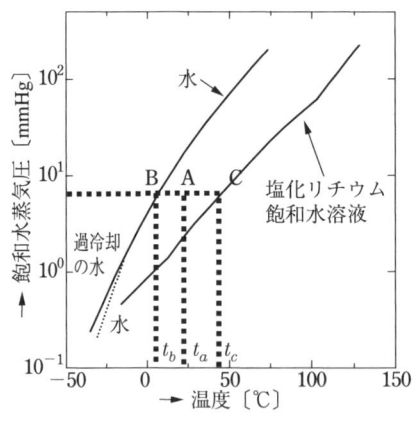

図**2.21**　水および塩化リチウム水溶液の水蒸気圧曲線

図**2.22**　塩化リチウム露点計（横河電子機器(株)より許可を得て掲載）

て，測定した温度と露点とを対応させて露点が直読できるようになっている。

図 2.22 に，塩化リチウム露点計の例を示す。

〔3〕 **鏡面露点計** 鏡面露点計は，以下の原理を利用したものである。

【原理】

図 2.23 に鏡面露点計の概念図を示す。鏡面は冷却材によって冷やされている。鏡面が露によって曇ると，下のフォトセルに到達するときには光量が減る。上部と下部のフォトセルの光量を計測して比較し，光量が等しくなるように加熱コイルによって鏡面温度を調節する。両者が等しくなったときの温度が露点となる。

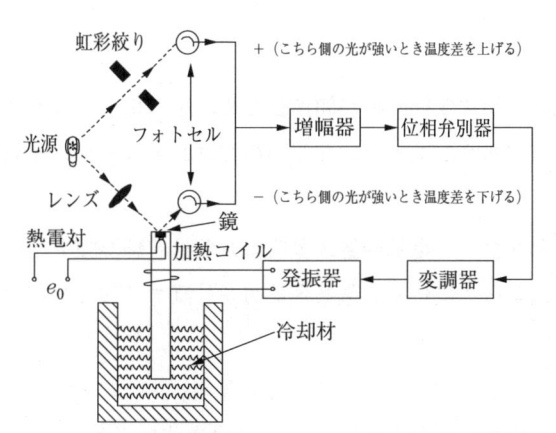

図 2.23 鏡面露点計の概念図

〔4〕 **電気抵抗式湿度センサ** 電気抵抗式湿度センサは，感湿膜中の水分量により，センサ素子のインピーダンスが変化することを利用して，相対湿度を検出するしくみである（図 2.24）。

【原理】

感湿膜が高分子の場合，高分子中のマイナスイオンが周囲の水分（湿度）によってイオン伝導を起こし，可動イオンとして存在する。湿度の増減による含有水分量の変化によって可動イオン濃度が変化し，それがインピーダンスの変化として計測されて相対湿度を検出する。感湿膜がセラミックスの場合，感湿膜内ではその水分子が解離してプロトンを発生し，相対湿度変化によるプロト

図 2.24 電気抵抗式湿度センサ

図 2.25 電気容量式湿度センサ

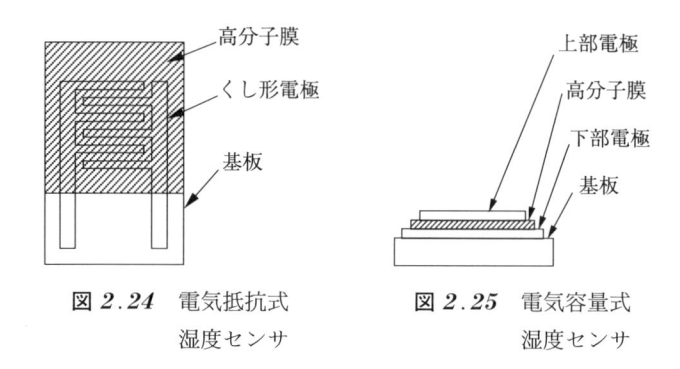

ン濃度の変化がセンサ素子のインピーダンスの変化として測定され，相対湿度を検出する。

【特徴】

センサから電気信号を取り出す変換回路が簡単なため，小形化，コストダウンが容易であるなどの利点があり，エアコンなどの湿度コントロールに多数使用されている。

〔5〕 **電気容量式湿度センサ**　**電気容量式湿度センサ**は，感湿膜を一対の電極で挟み，含有水分量によって変化する電気容量値を計測することで相対湿度を測定する（図 2.25）。

【原理】

センサ素子において，その基準となる電気容量値 C は次式で表される。

$$C = \varepsilon_0 \varepsilon \times \frac{S}{d}$$

ここで，ε_0：真空誘電率，ε：比誘電率，d：感湿膜の厚さ，S：対向電極の面積である。

感湿膜に用いる素材の比誘電率は，例えば高分子の場合 3～7 であるが，水の比誘電率は 80 と高分子に対して十分に大きく，相対湿度の変化が電気容量値の変化として現れる。

【特徴】

電気抵抗式湿度センサと比較すると，高分子中に吸着する水分量は少なくても測定可能であり，凝縮水の発生が少ないのでヒステリシスが起こりにくい（特に凝縮水の発生はヒステリシスの原因となるので，極力避ける必要がある）。

その他の特徴としてはつぎのようなものがある。

（ⅰ） 0〜100％RHの範囲においての測定が可能
（ⅱ） 変換回路が複雑

2.7 熱量の計測

熱量の計測には，示差走査熱量計や発熱量計などが使用されている[6]。以下にその原理を紹介する。

〔1〕 **示差走査熱量計** 示差走査熱量計（DSC）は，以下の原理を利用したものである。

【原理】

試料と参照物質に等しい熱量を与えつつ同時に昇温させるとき，融解や相転移が起こると試料は融解熱や転移熱を吸収するため，その温度上昇が遅れて参照物質との間に温度差が生じようとする。その温度差をゼロに保つのに必要な電気エネルギーの記録が，**示差熱量曲線**である。融解や相転移はその曲線上のピークとして現れ，ピーク面積としてその熱量を求めることができる。また，ピークの形の解析から試料純度が決定される。基線の位置から参照物質との相対的な値として熱容量を決定できる。図2.26に構成図を示す。

【特徴】

少量の試料で速やかに測定を行うことができ，また広い温度範囲にわたって使用できる。

〔2〕 **発熱量計** 発熱量計は，試料を高圧酸素を導入したポンプ内で点火し，完全燃焼させることにより発生する熱量を一定量の水に吸収させ，その

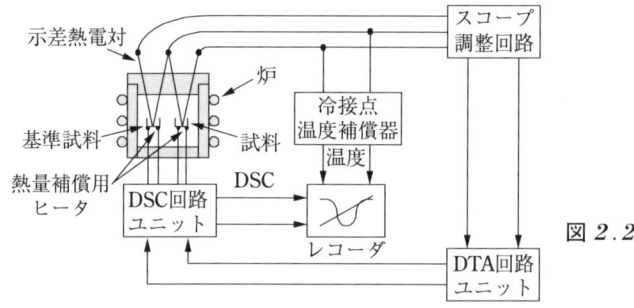

図 2.26 示差走査熱量計の構成図

水温の上昇により燃焼熱を求めるしくみである。

2.8 成分および濃度の計測

成分および濃度の計測には，各種の分析計が用いられている[6]。ここでは代表的なものについて，その原理を紹介する。

〔1〕 **気体の成分測定**　熱伝導率の変化により熱線の温度が変化し，その電気抵抗が変化することを利用する。**熱伝導度検出器（TCD）**などがある。

【原理】

図 2.27 に示すように，電気抵抗の温度係数が大きい金属抵抗線（白金，タングステンなど）あるいはサーミスタを内部に組み込んだセルが二つあり，一方は試料ガスが通り，もう一方はキャリヤガスが通るようになっている。試料ガスが通る R_1 とキャリヤガスのみが通る R_4 からなる回路に一定電流を通じ，R_1 と R_4 ともにキャリヤガスだけが流れている状態で釣り合わせておく。R_1 にキャリヤガスと熱伝導度が異なる成分が入ってくると，R_1 の温度が変化して R_1 の抵抗値が変化する。この変化を G の電位差として検出する。

〔2〕 **振動管式密度計**　振動管式密度計は，薄膜円筒の共振周波数が周囲の気体密度により変化することを利用したものである。2種類の周波数を同一円筒に供給し，円筒の共振周波数の比を測定すれば，測定周波数は密度の関数になり，外乱の影響を受けずに密度を測定することができる。

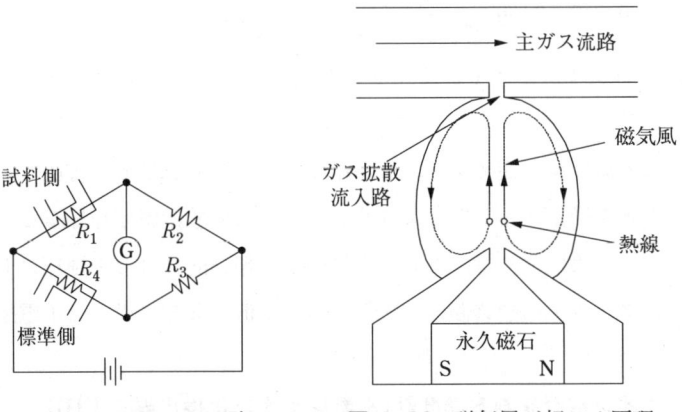

図 2.27　TCDセル回路　　図 2.28　磁気風が起こる原理

〔3〕　**磁気酸素計**　　磁極を置いた室内に酸素を含む気体を送り込むと酸素分子は磁化されて磁極に吸引されるが，磁極付近に置かれている熱線で加熱されると磁気を失って，あとから吸引される酸素分子に押しのけられるため**磁気風**が起こる。**磁気酸素計**は，これによって熱線の温度が変化し，その電気抵抗が変化することを利用したものである。図 2.28 に，磁気風が起こる原理図を示す。

〔4〕　**赤外線または紫外線の吸収を測る濃度計**　　気体はそれぞれに特有の赤外線または紫外線の吸収スペクトルをもつから，吸収の割合を測って対象成分の濃度を知る。

〔5〕　**固体電解質の電池反応を用いる酸素濃度計**　　酸素濃度計は，ジルコニア磁器を用いて酸素電池を構成させ，酸素濃度を測るしくみである。

【原理】

　ジルコニアセラミックスは赤熱された状態でその結晶構造中で酸素イオンが移動しやすくなり，セルの内外面の酸素分圧の差により電圧（セル電圧）を生じる酸素電池となる。セルの内側に大気，外側にサンプルガスを接触させることにより，大気の酸素濃度を基準にした電圧を発生させることができる。これは，以下の式によって表される。

$$E = 0.0496\,\theta \log \frac{\text{大気の酸素濃度}}{\text{サンプルガスの酸素濃度}}$$

ここで，E はジルコニアセラミックスが発生する電圧〔mV〕，θ はセルの絶対温度である。

大気の酸素濃度は一定であり，セル温度が一定であればセル電圧も一定となるから，上式を逆算することによりサンプルガスの酸素濃度を知ることができる。したがって検出セルは，両側が大気のとき理論的にはセル電圧は 0 mV になり，サンプルガスの酸素濃度が大気に対して低くなるに従いセル電圧は大きくなる。

〔6〕 **イオン電流を測る濃度計（水素炎イオン化検出器：FID）** 水素炎中に有機物を入れて燃焼させると有機物中の炭素原子数に比例したイオンを生ずるから，イオン電流を測って有機物濃度を知ることができる。これを利用したものに，**水素炎イオン化検出器（FID）** などがある。

【原理】

図 **2.29** に示すように，試料ガスに水素ガスを混ぜ，ノズル先端で燃焼させる。ノズル上部の電極間には電圧がかかっている。キャリヤガスだけの場合は両電極間に流れるイオン電流は小さく一定である。ここに水素炎でイオン化される有機化合物が入ってくると電極間に流れるイオン電流が増大する。した

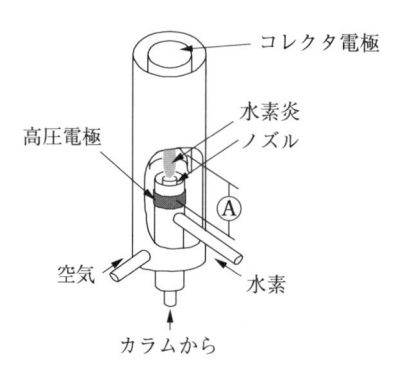

図 **2.29** 水素炎イオン化検出器（FID）の原理

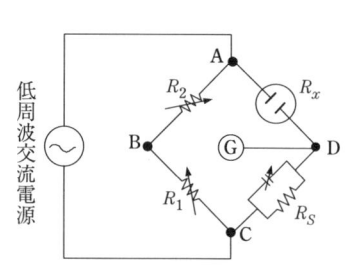

図 **2.30** 電導度測定用交流ブリッジ

がって，このイオン電流を測定することにより有機化合物を高感度に検出できるが，水素炎でイオン化されない無機化合物などは検出できない．

〔7〕 **導電率による濃度測定** 溶液の濃度によって導電率が変化することを利用する．気体の場合には溶液に吸収させて導電率の変化を測る．

【原理】

1グラム当量の電解質を V〔ml〕に溶解したときの導電率が κ であるとすると，このとき $\Lambda = \kappa V$ を当量電導度という．これは物質に固有の値であり，構成する陽イオン・陰イオンの当量電導度 λ_+ と λ_- の和として表される．無限希釈時の当量電導度はつぎのようになる．

$$\Lambda^0 = \lambda_+^0 + \lambda_-^0 = F(u_+ + u_-)$$

ここで F は電気量，u_+ と u_- は陽イオン・陰イオンの易動度である．

また，多種のイオン c_i（グラムイオン/l）が混合しているときの導電率はつぎのようになる．

$$\kappa = \frac{1}{1\,000} \sum_i z_i c_i \lambda_i$$

ここで z_i はイオンの価数，λ_i はイオンの当量電導度である．当量電導度は水素イオンと水酸化物イオン以外のイオンではほぼ同じ値であるため，この方法では定性分析を行うことはできない．

測定回路は，**図 2.30** のように交流電源，可変抵抗，電流示零器から構成されている．電極板上で電解が起こることを防ぐために電源として交流が用いられる．いま，R_S を一定として R_1 と R_2 を調節し，BD 間に電流が流れないときには次式が成り立つ．

$$\frac{R_x}{R_S} = \frac{R_2}{R_1}$$

これによって R_x が求まり，溶液の電導度 K は $1/R_x$ で与えられ，導電率は $\kappa = K\theta$ で与えられる．ただし，θ はセル定数であり，セルの形状による定数である．

〔8〕 **ガスクロマトグラフ** 吸着剤を詰めた細管にヘリウム，水素，窒素

などのキャリヤガスを流しておき，試料ガスを少量瞬間的に注入すると各成分は吸着と脱着を繰り返しながら細管を進むが，吸着力の差によって進行の速さが異なるため，出口へは成分に分離して到達する。出口において成分ごとに熱伝導率を測るが，有機ガスの場合には水素炎イオン化検出器を用いて定量する。図 *2.31* に分離の概念図，図 *2.32* に**ガスクロマトグラフ**の概念図を示す。

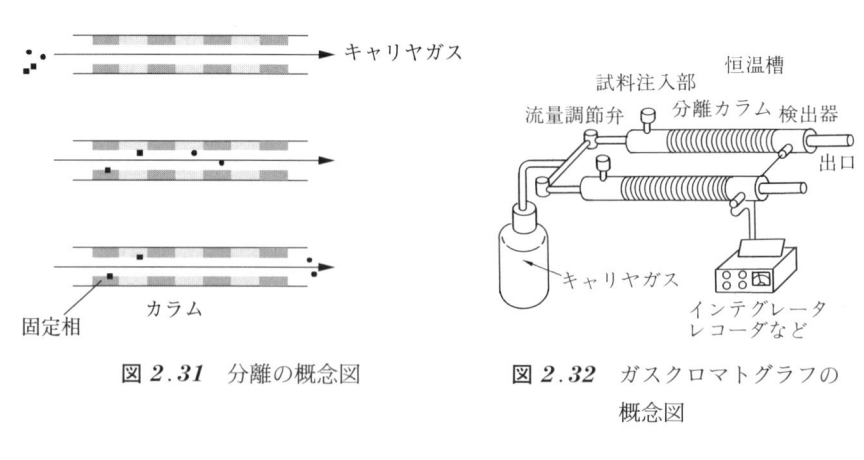

図 *2.31* 分離の概念図

図 *2.32* ガスクロマトグラフの概念図

2.9 まとめ

本章では，プロセス計測に用いられる機器について概観してみた。計測においては，物理法則を利用したさまざまなセンサが用いられている。いずれの計測においても，対象物の物性や非線形性，ならびに計測器のレンジアビリティに注意する必要がある。

3 操作
－プロセス操作機器－

3.1 はじめに

本章の目的はつぎの三つである。

目的1 プロセス制御の操作部としての代表的機器である自動調節弁の構造・特性について学ぶ。

目的2 プロセス制御系へ自動調節弁を適用するための条件と手法について学ぶ。

目的3 自動調節弁に期待される今後の展開を考察する。

プロセス制御系においては，制御方式がフィードバック方式であれ，フィードフォワード方式であれ，検出端で測定した計測値に基づいて所定の目標値に制御すべく，最終的にプロセス対象への動作は操作部を通して行われる。操作部の動作方式および形状は千差万別であり，各種の原理方式が使われている。例えば，バルブ（弁），ポンプ，コンベヤ，ダンパなど，プロセスの特性によって種々の機器が用意されている。しかし，ほとんどの工業プロセスが移送，操作であることから，水，蒸気，化学薬液などの流体を主体にして構成されているため，バルブが最も一般的に広く使用されている操作部といえよう。バルブとは，簡単にいうと，水道の蛇口のように流体の通路に絞り部分を設け，その開度を調整して流量を調節する機器である。

本章では，操作部の役割，形状，特性，また実際にプロセス系へ操作機器を適用するにあたって，検討すべきさまざまなエンジニアリング問題について，バルブに焦点を当てて説明することとした。特に，バルブのエンジニアリング

は多くの課題を含み，その考え方はほかの操作機器に対しても有効に応用できる．

ところで，バルブには手動，自動また構造，特性，および実際に遠隔操作するための方式など，きわめて多くの種類が用意されている．これらバルブの種類を分類すると**図3.1**のようになるが，ここでは当然自動調節弁を主体に論じていく．

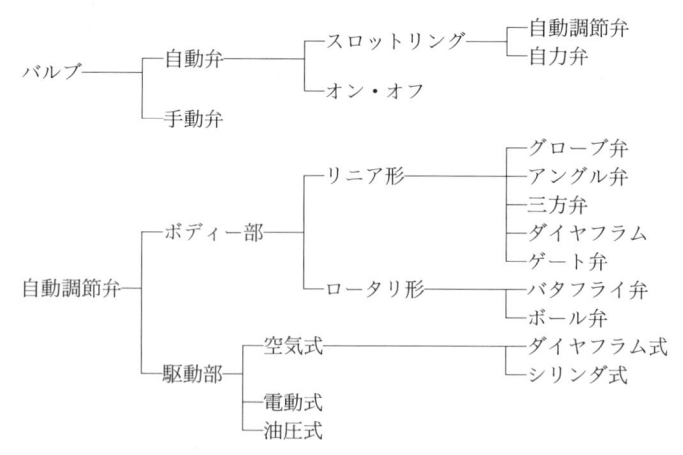

```
バルブ ─┬─ 自動弁 ─┬─ スロットリング ─┬─ 自動調節弁
        │          │                  └─ 自力弁
        │          └─ オン・オフ
        └─ 手動弁

自動調節弁 ─┬─ ボディー部 ─┬─ リニア形 ─┬─ グローブ弁
            │              │            ├─ アングル弁
            │              │            ├─ 三方弁
            │              │            ├─ ダイヤフラム
            │              │            └─ ゲート弁
            │              └─ ロータリ形 ─┬─ バタフライ弁
            │                            └─ ボール弁
            └─ 駆動部 ─┬─ 空気式 ─┬─ ダイヤフラム式
                       │          └─ シリンダ式
                       ├─ 電動式
                       └─ 油圧式
```

注）駆動部にもリニア，ロータリがあるが省略する

図3.1 バルブの分類と自動調節弁の位置づけ

自動調節弁（以下，略して調節弁）は，プロセス制御系の調節部の電気，空気などの信号を受け，開閉や調節動作を外部から別供給の空気，電気，油圧などのエネルギー源を利用して行うもので，自力弁のように同じ調節動作をするものでも，通過する流体それ自身の圧力，温度などのエネルギーを利用するタイプとは区別している．外部エネルギーを利用するため，調節弁のほうが流体に対して十分な駆動力が得られ，きめ細かな調節動作が行える．

図にある動作区分のスロットリングとは，バルブ開度を適宜自由に中間位置に保持し，所定の流量を調節する方式で，単純に全開・全閉する動作のオン・オフ方式と区別している．オン・オフ式自動弁も簡単なオン・オフ制御に使われるが，通常，自動調節弁とはスロットリング動作をするものをいう．

3.2 自動調節弁の構造と種類

　調節弁の構造はボディー部と駆動部から構成される。駆動部は大きく空気圧式，電動式，油圧式に分けられるが，一般の工業プロセスでは空気圧式が最も広く使われている。ここでは，その中でも比較的構造の理解しやすいシリンダ方式を例にとって説明する。

　図3.2はその一例で，シリンダ内ピストンの上下に加えられる空気圧とスプリングとのバランスによって生ずる駆動力で弁を開閉する。通常，ポジショナと呼ばれる付属品で弁の開度位置を検出し，ピストンに加える空気圧力を調整する。また，一般によく使われるダイアフラム式と呼ばれる駆動方式も，ピストンの代わりにフレキシブルなダイアフラム膜を用い，それに加える空気圧を駆動力に変える方法であり，原理的には同じである。そのほか，ボディ部分が後述するバタフライ弁やボール弁などのように，流体の通路に直角においた軸を回転することによって開度を調節するロータリ形の場合も，シリンダ形やダイアフラム形の垂直駆動方向をギヤやレバーなどを用いて回転方向に変える

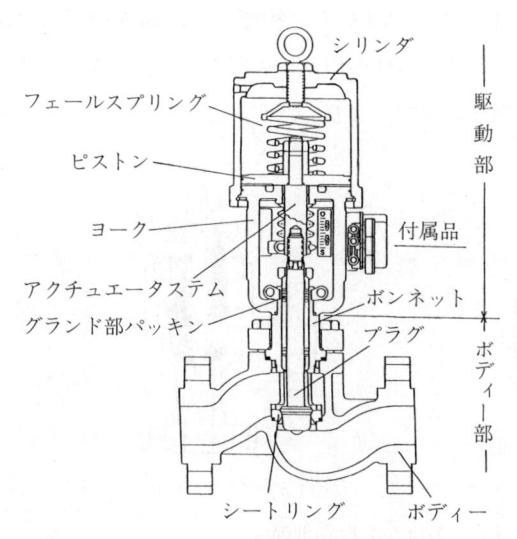

図3.2 自動調節弁の構造（グローブ弁）

点が違うだけで，原理は同様である。

一方，ボディー部の種類構造は，図 **3.1** に示すように，リニア形とロータリ形がある。リニア形は，ボディー内部の流体の通路を絞るプラグと呼ばれる部分を垂直方向に動かし，流量を調節するタイプをいい，ロータリ形は，内部のプラグを流体の通路に対して直角軸に回転して開度を変えるタイプをいう。さらに，これらのバルブは，流体の温度，圧力，粘度，スラリーなどの性状により，それぞれ適したさまざまの形状をもつ各種のバルブが用意されている。

〔**1**〕**グローブ弁**　グローブ弁は，図 **3.2** のように，流体の通路を絞るプラグ部分の形状を半球形にした弁（バルブともいう）で，低圧から高圧，粘度の高い流体まで適用範囲は広い。

図の例は，プラグの部分が一つの半球形で構成されており，**単座弁**と呼ばれている。単座弁は構造が簡単なため，加工しやすく調節性能もよいため，広く使われている。しかし，この形状では，プラグ前後の流体の圧力差はそのままプラグの駆動に対する反力として働くため，その分駆動力を大きくする必要があり，駆動部サイズを大きくするか駆動部へ供給される空気を高くしなければならない。流体圧によっては，この形式は実用上受け入れにくい場合もある。そこで，複座弁という構造が考え出されている。複座弁は，図 **3.3**(*a*) に示すようにプラグが二連となっており，流体の出入口の圧力差は，上部と下部の半球形部に対しておのおの逆向きの反力となり，たがいに相殺する形となって

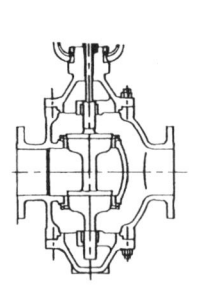

(*a*) 複座弁 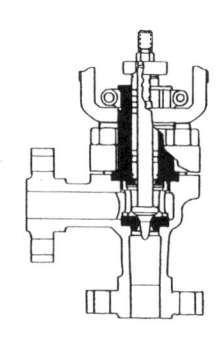　　　　(*b*) アングル弁

図 **3.3**　そのほかの自動調節弁

いる。結果的に駆動部のサイズを小さくできるため、これも広く使われている。ただし、弁内部の形状が複雑となるため、スラリーなど詰まりやすい流体には不適である。

〔2〕 **アングル弁**　アングル弁は、図 $3.3(b)$ のように入口側管路と出口側管路を直角に交叉させ、プラグを通過した流体がなるべくスムーズに流れるようにした構造で、石油化学、鉄鋼などでよく見られるスラリー、粘性流体、フラッシング流体に用いられる。

〔3〕 **三 方 弁**　三方弁は、流体を2方向に分流もしくは2流体を混合するため、三方の出入口をもつバルブで、温度調節ラインなどに使われる。

〔4〕 **ダイヤフラム弁**　ダイヤフラム弁は、弁内部の中央にせきをもち、ダイヤフラムによって流路を開閉する特殊な構造をもったバルブで、サンダース弁とも呼ばれる。ダイヤフラムにテフロン、ネオプレンなどの耐食性のよい材料が使われ、また構造がシンプルなため、腐食性流体やスラリーなどの調節に適している。

〔5〕 **ゲ ー ト 弁**　ゲート弁は、流体の管路に垂直に設けた仕切り板を上下することによって開閉して調節する方式で、流体の流れが一直線上になる。構造がシンプルで比較的低コストなため、大口径のバルブに使われる。

〔6〕 **バタフライ弁**　バタフライ弁は、弁内部で、管路に対して直角な軸を中心にディスクを回転させて流量を調節する方式で、ゲート弁と同じく比較的大口径のバルブに使われる。

〔7〕 **ボ ー ル 弁**　ボール弁は、弁体内に流路として貫通孔をもったボールを入れ、これを回転させる方式の調節弁で、全開したときに流路が配管と同じストレートな形となり、絞られる部分がないためにスラリーや高粘性流体に適している。貫通孔の形状をVノッチ形の部分球体にすることで、所定の流量特性をもたせたものもある。

以上、各種の弁形式について述べたが、そのほか、最近では上述した各種形式の特長を混成させたり、流体の性状に合わせてさらに調節特性を向上させる

ため，弁内部やプラグの形状に工夫をこらしたものが用意されている。

3.3 自動調節弁の作動について

調節弁の作動には，信号量が増加すると調節弁が閉じる正作動と，信号量の増加に従って閉じる逆作動がある。これは，最も一般的に使われる駆動エネルギーの空気源がなんらかの事故で停止した場合，調節弁の設置されているおのおのプロセス条件に対応して，調節弁を自動的にプラントプロセスの安全側である開か閉の方向にもっていく**フェイルセーフ**の思想に基づいている。

弁作動は，駆動部の作動と弁本体のプラグの作動の組合せによって決められる。駆動部の作動は，図 *3.2* の弁構造図に示されるように，信号の増加に従ってピストンの上部に加圧してプラグを押し下げる場合**正作動**といい，その反対を**逆作動**という。また弁本体においては，プラグを押し下げたときに弁が閉じるものを**正栓**といい，逆に開くものを**逆栓**という。このことは，駆動部と弁本体の組合せによって 4 通りの型があることになる。通常，弁本体の正逆は弁の構造と流体の特性によって選定され，それに対応して全体の作動がフェイルセーフとなるように組み合わせるべき駆動部の作動を選定する。

3.4 自動調節弁に要求される性能

3.4.1 調節弁の 3 要素

調節弁の性能を表す特性として，最大通過許容流量を示す**容量係数（CV 値）**，制御可能な最大流量と最小流量の比を示す**レンジアビリティ**，弁開度と通過流量の関係を示す**流量特性**の 3 要素がある。バルブを選定しプロセスに適用させるとき，いろいろなプロセス条件を考慮して最適なバルブの形式とサイズを選ぶわけだが，選定対象となるバルブがどのような特性をもっているか，バルブの種類を問わず，類似的に検討・設計できる最低限必要な特性値としてこれら 3 要素が使われている。

3.4 自動調節弁に要求される性能

〔**1**〕**容量係数（CV 値）**　そのバルブに流しうる最大流量を表す指数として，CV 値と呼ばれる値が使われている。通過流量は，流体の種類，弁前後の圧力差など条件によって異なるため，CV 値には一定の条件に対する値を定義づけている。元来の定義は，バルブの最大開度において，温度 60 F の清水を差圧 1 psi で流した場合の流量を US ガロン/min で表したもので，ISO 単位と異なるが，慣習的にこれに準じた形で算出している。

例）　測定値　50 US ガロン/min ⟶ CV 50

各開度においても同様に測定し，それを線で結んだ曲線を **CV 特性曲線** といい，バルブを 0 ％から 100 ％まで開けていく場合の流れ方を示す。

〔**2**〕**レンジアビリティ**　その調節弁で制御可能な最大流量と最小流量の比をいう。本当の最小流量は，完全閉止したときのほぼ 0 の値であるが，通常閉止間際では流量が不安定となり，実際には調節不能となる。そのため，制御可能な最小流量と閉止時の最小流量，つまり漏れ量とを区別している。

$$レンジアビリティ\ R = \frac{制御可能な最大流量}{制御可能な最小流量}$$

実際には，CV 特性曲線の最大 CV 値と最小 CV 値の比を計算し，これをレンジアビリティとしている。

〔**3**〕**流量特性**　弁開度を 0 ％から 100 ％まで変化させたときの弁開度と CV 値との関係を流量特性という。バルブによって多種多様な特性曲線が見られるが，その形状によって制御特性も異なる。特に，調節弁を操作部として使った閉ループ制御では，開度変化に対する CV 値変化はループゲインの変化とみなされるため，制御そのものに影響する。

流量特性は多種多様ではあるが，大きく分類すると以下の 3 種類の代表的特性で表される。

1）リニア特性　リニア特性は，図 3.4 に示すように流量と弁開度が比例関係をもつ特性である。ここで C_v は CV 値である。

$$C_v = KL \quad (K: 定数,\ L: 弁開度)$$

2）イコールパーセンテージ特性　イコールパーセンテージ特性は，以

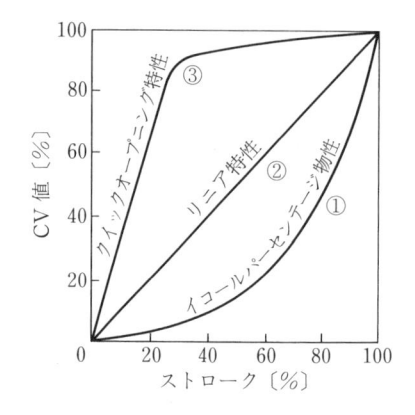

図3.4 リニア特性

下に示すように，弁開度の変化に対する流量変化の割合が変化前の流量に比例する特性である。

$$\frac{dC_v}{dL} = KC_v$$

図に示されるように，イコールパーセンテージは，弁開度の小さなところでは弁開度変化に対する流量の変化が小さく，弁開度の大きいところでは同じ弁開度の変化でも流量が大きく変化することがわかる。このような特性は，もし弁前後の差圧がつねに一定に保たれるようなプロセスでは，流量によってループゲインの変化をもたらすことになるが，後述するように，実際のプロセスでは流量によって差圧自身も変化するケースが多く，この特性を使うことによって結果としてループゲインを一定に保持できるため広く使われている。

3) オン・オフ特性（クイックオープニング特性） オン・オフ特性は，**クイックオープニング特性**ともいい，オン・オフ制御のように流量を最大・最小に切り換えて調節する場合に有効な特性で，バルブの閉から開，もしくは開から閉へとわずかな信号変化で迅速に開閉動作が行える。

以上代表的な流量特性を挙げたが，ほとんどのバルブの特性はこれら3種類の特性そのもの，または組み合わされた類似形で表される。

3.4.2 有効流量特性

前項の流量特性で述べたように，弁前後の流体差圧をバルブ開度にかかわらずつねに一定にして，清水を流したときに得られる弁開度と CV 値の関係を固有流量特性と呼んでいる。一方，実際に配管に取り付けて流体を流した場合には，そのバルブ開度によって，すなわち流量の大きさによってポンプの吐出圧，配管での圧力損失が変化し，バルブの前後にかけられる差圧も変化する。そのため，バルブ開度と流量との関係はもともとの固有流量特性からずれてくる。こうした実際の特性を**有効流量特性**と呼ぶ。

典型的なプロセスとして例示した**図 3.5** に見られるように，バルブ前後の差圧 ΔP_V は，流量変化に対応したポンプ吐出圧と配管による圧損との差から求められる流量変動値である。つまり，バルブ開度を大きくするにつれ，バル

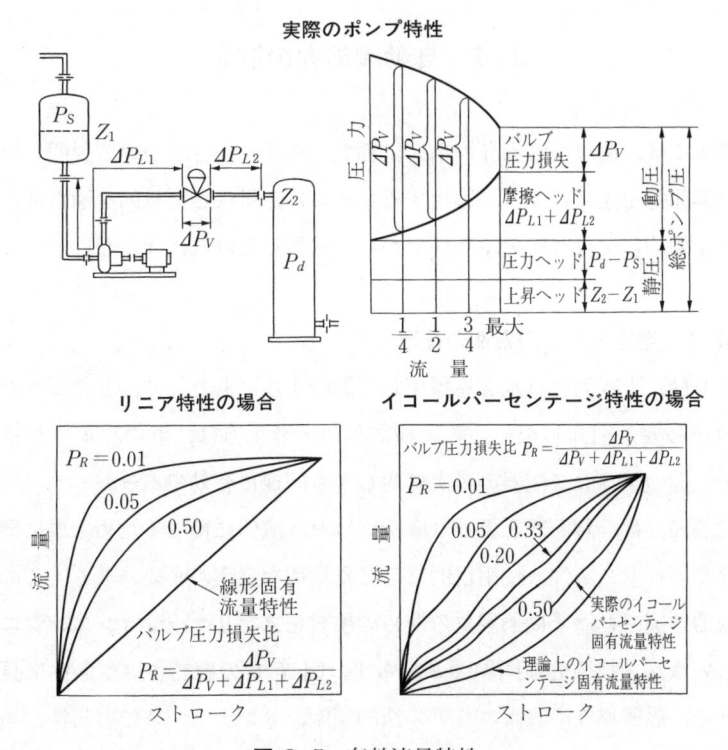

図 3.5 有効流量特性

ブにかかる差圧は2次曲線的に小さくなる。固有流量特性がリニアなバルブを使用した場合でも，実際には差圧が2次的に減少するため，流量変化はリニアではなくなる。このずれの程度は，配管によるトータルの圧損とバルブ自体の圧力損失の比で決まる。この比と特性のずれ具合は図の特性図のようになる。

また，バルブがイコールパーセンテージ特性の場合，トータルの配管による圧損に対するバルブの圧力降下比が約0.33近辺になるとき，実際の流量特性はリニアになる。もし，バルブの圧力降下の占める割合が小さく，図の0.01の曲線に見られるような場合は，特性はほとんどオン・オフ特性になり，スムーズな調節動作は期待しがたくなる。このように，期待する流量特性は，単にバルブの固有流量特性だけでなく，プロセス全体の条件を勘案しながら設計を進めなければならない。

3.5 自動調節弁の選定

前節までは，個々の調節弁の構造，種類，特長，特性について説明したが，実際に調節弁を実プロセスに適用するためには，単なる定量的な適合性だけでなく，多面的にプロセスの諸条件について検討しなければならない。

3.5.1 選定のための条件の確認

ここでは，実践的にバルブを採用して設計するにあたって，どのような配慮や検討が必要か紹介したい。この検討項目・考え方は，単にバルブだけでなく，その他のプロセス機器の選定に対しても同様に有効である。

自動調節弁は，調節部と異なり直接プロセス流体に接するため，単に機能だけでなくプロセス条件と使用目的に応じた適切な選定が必要になる。このように，機器を実プロセスに適用するための検討を**アプリケーションエンジニアリング**というが，技術的な問題のみならず，図3.6の確認すべき条件に見られるように，設置環境や設置エリアの法的規制，メンテナンスの容易性，当然コスト問題などさまざまな角度から検討しなければならない。ときには，技術的

3.5 自動調節弁の選定

対象プロセスの確認
どんなところに

制御目的の確認
圧力，流量，温度
三方，アングルなど流し方

流体の性状は
種類，温度，成分，粘度

応答性，開閉スピード

流体の流量，圧力条件
最大時，最小時

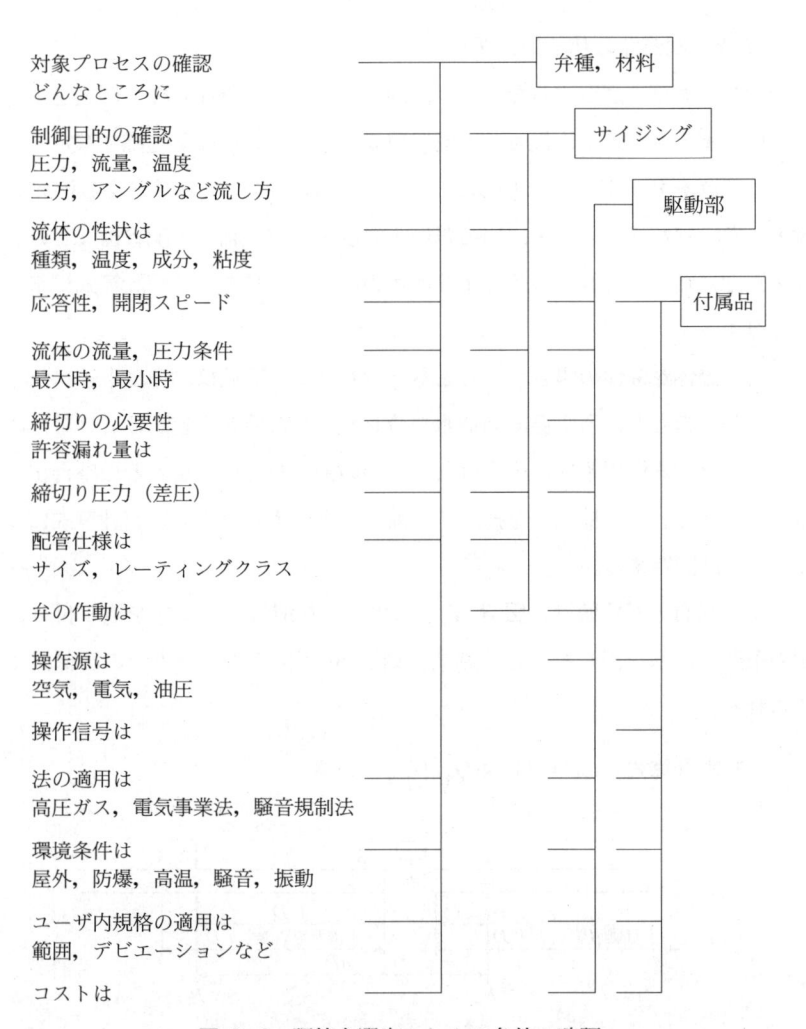

締切りの必要性
許容漏れ量は

締切り圧力（差圧）

配管仕様は
サイズ，レーティングクラス

弁の作動は

操作源は
空気，電気，油圧

操作信号は

法の適用は
高圧ガス，電気事業法，騒音規制法

環境条件は
屋外，防爆，高温，騒音，振動

ユーザ内規格の適用は
範囲，デビエーションなど

コストは

→ 弁種，材料
→ サイジング
→ 駆動部
→ 付属品

図3.6 調節弁選定のための条件の確認

には最適な解にならなくても他の条件を配慮し，次善の解を選定する場合もしばしば見られる。ほとんどのケースが二律背反する問題を抱えている。逆にいえば，こうした解を見つけることこそ真のエンジニアリングといえよう。

3.5.2 調節弁のサイジング

調節弁を適正に選定するためには，用途に応じて最適な弁種・形式を選ぶことはいうまでもないが，最も基本的で重要なことは弁口径を的確に選定することで，これを**サイジング**という。そのためには，バルブを通過する流体の流量・圧力，バルブの入口・出口の差圧・温度・比重・粘度・配管径などの諸条件を正確に知り，これらの条件より所用のバルブ容量を CV 値計算式に基づいて計算する。

〔**1**〕 **流体が液体の場合**　もともとバルブの CV 値は，先にも述べたとおり一定差圧のもとに所定温度の清水を流したときの値と定義づけているため，これとは異なる使用条件の場合はなんらかの補正を行い，定義との整合化を図る必要がある。この補正式を提示する前に，まず定義上の CV 値計算式についていま一度説明する。

バルブ固有の CV 値は，**図 3.7** に示すような配管にバルブを取り付け，下記の条件で清水を流したとき，諸測定値を SI 単位で表すと下記の関係式で求められる。

基本計算式　$C_v = 11.56 Q \sqrt{\dfrac{G}{\Delta P}}$

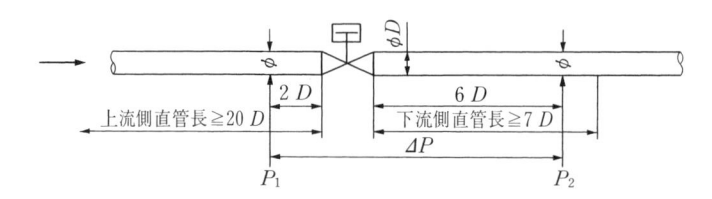

流　　体：清水（15.5℃，比重 1）
配管状態：弁と配管は同一サイズとする
差圧 △P：$P_1 - P_2$
弁内部の流れ状態：乱流（レイノルズ数 3 200～4 000）キャビテーション，フラッシングはなし

図 3.7　CV 値の測定

なお，各記号は本節の末尾の一覧表に説明した。

つぎに，流体条件が上記基本条件と異なる場合は，下記の補正を行う。

1)　粘度補正（補正係数 F_r）　　流体の粘度が高く，レイノズル数が3 200以下程度になると，流れの状態が基本式の前提条件である乱流域から層流域に変化するため，つぎの補正を行う。

$$補正\ C_v = 基本\ \frac{C_v}{F_r} \quad (F_r は 1 より小さい)$$

2)　配管（レデューサ）の影響　　一般に調節弁のサイズを配管径より小さくするケースが多い。このような場合，**レデューサ**と呼ばれる前後の口径が異なる異径管でバルブと配管を接続するが，このとき，レデューサ自身により圧力損失が発生するため，バルブの種類によってはかなり基本計算式を補正する必要がある。

$$補正\ C_v = 基本\ \frac{C_v}{F_p}$$

F_p は1より小さく，d（弁口径）$/D$（配管径）の値に対応して補正係数が与えられる。

3)　キャビテーションの影響　　バルブの内部では流体が次第に絞られ，最小の開口部では流速が最大となり，その後出口側に向かい，内部の広がりに対応して流速が低下していく。この最小の絞り部，宿流部では，ベルヌーイの定理からも導かれるように，流速エネルギーが増加する分，流体圧力は減少し，場合によっては流体温度の蒸気圧以下になり，流体の一部が実際に蒸発して気泡になることもある。ところが再び出口側に向かって流速が低下して圧力が回復すると，発生した気泡が押しつぶされ，**キャビテーション**と呼ばれる衝撃波を引き起こす。また，この衝撃波が弁構造の固有振動数と合致すると，より激しい振動・騒音を発生し，ときにはバルブそのものがひどい損傷を受けて破壊に至ることもある。このような重大問題にならないまでも，この気泡発生現象による流れ抵抗の増加により，通過流量が飽和して差圧を増しても流量増加の見られない状態が生ずる。これを**チョーク状態**と呼ぶ。

チョーク状態に達しているか否かはつぎの判別式により計算し，CV計算式を使い分ける。

(判別式) $\Delta P < F_L^2 (P_1 - F_f P_v)$ の場合，基本式を使用する

$\Delta P < F_L^2 (P_1 - F_f P_v)$ の場合，基本式の ΔP の代わりに，$F_L^2 (P_1 - F_f P_v)$ の値を採用する

〔2〕 流体が圧縮性流体の場合

1） 気体の CV 計算式 気体の計算式は液体の計算式を比重換算して導いたものだが，気体特有の現象としてバルブ前後の差圧が $\Delta P \geqq P_1/2$ の場合，流速が音速に達してそれ以上はいくら差圧を大きくしても飽和した状態になり，流量は増加しない。そのため，差圧 ΔP の大きさによって計算式を使い分ける。

1） $\Delta P < P_1/2$ の場合

$$C_v = \frac{Q_g}{2.926} \sqrt{\frac{G(273 + T_f)}{\Delta P(P_1 + P_2)}}$$

2） $\Delta P \geqq P_1/2$ の場合

$$C_v = \frac{Q_g \sqrt{G(273 + T_f)}}{2.534 P_1}$$

2） 水蒸気の CV 計算式 通常実プロセスのエンジニアリングでは，水蒸気の通過流量は，気体一般に使われる容積流量ではなく重量流量を用いることが多いため，下記の計算式が使われる。

$\Delta P \geqq P_1/2$ で計算式を分けているのも，気体の計算式の場合と同様である。

1） $\Delta P < P_1/2$ の場合

$$C_v = \frac{WK}{0.1394 \sqrt{\Delta P(P_1 + P_2)}}$$

2） $\Delta P \geqq P_1/2$ の場合

$$C_v = \frac{WK}{0.1207 P_1}$$

ここで，C_v：弁容量係数，P_1：弁入口圧力〔kPa abs〕，P_2：弁出口圧力〔kPa abs〕，ΔP：差圧 $(P_1 - P_2)$〔kPa〕，Q_L：液体体積流量〔m³/h〕，G_L：液比重，F_p：配管形状の補正係数，F_r：粘性補正係数，W：気体・蒸気の質量流量〔kg/h〕，T_f：流体温度〔℃〕，Q_g：気体体積流量（N・m³/h at 15.6 ℃, 101.3 kPa abs), $K:1+(0.0013×過熱度 ℃)$ である。

3.5.3 騒音への配慮

前節のキャビテーションの項で述べたように, バルブによる圧力降下が大きい場合, 相当な騒音を発生することがある。国内では騒音規制法で周りの住民環境への影響を規制しているが, それだけでなくプラント事業所内においても, 操業員の健康保持, 快適な操業を維持するうえでもできるだけ騒音を抑えることが望ましい。また, ときには騒音の域を超え, 大きな振動を発生して設備そのものに損傷を与えることもあり, 十分注意しなければならない。

〔1〕 **騒音の予測**　騒音発生の要因は, 流量, 弁前後の差圧, 弁形状, 流体の通過速度などの条件が複雑に相乗し合うが, 特に流速の確認は重要であり, これである程度の騒音予測が可能である。下記に各種流体の騒音発生限界流速を示す。ただし, これらの値はそのほかの条件で変わる場合もあり, 一つの目安として捉えられたい。

1) 液体の場合

$$V = \frac{0.549Q}{D^2}$$

2) 一般ガスの場合　流速としては音速を使用する。

$$M = \frac{0.963 \times 10^{-2} \times Q\sqrt{G(273 + T_f)}}{P_2 D^2}$$

3) 水蒸気の場合　一般ガス体と同様音速を使用する。

$$M = \frac{0.222WK}{P_2 D^2}$$

ここで, V：流速〔m/s〕, D：バルブ接続口径（インチ）, M：音速（マッハ）である。制限流速としては, バルブの形状, 材料や流体の性状にもよるが, 液体の場合は 6 m/s 以下を, 水蒸気や一般ガスの場合は音速 0.3 以下を目安としたい。

〔2〕 **騒音対策用特殊弁**　前節で騒音問題を取り上げたが, 特に蒸気や気体などは, 配管径に比べて小さな口径のバルブを選んだ場合, ややもすると通

過流速が音速を上回りがちである。このような場合，バルブの種類やサイズを変更するか，ときにはプロセスそのものを設計変更して条件の再設定を行えばよいが，難しいときには，一つの解決策として複数のバルブを配管にシリーズに設置してバルブ一台当りの絞り抵抗を小さく，すなわち圧力降下を小さくして通過流速を抑え，トータルで所定の圧力降下を確保するような多段方式も考えられる。しかしこの方法は，制御性や設置スペースの点で問題がある。そこで，一台のバルブでこのような多段絞り効果をもたせた特殊構造の騒音対策用調節弁が用意され，近年各方面で使われ始めている。液体の場合でも，気化圧が低くキャビテーションを起こしがちな場合には同様な特殊弁が応用されている。

一般に，これら特殊弁の構造は原理的にはほぼ同じであるが，製作コスト，要求効果のレベル，特許上の問題から各メーカーが工夫をこらし，さまざまな種類を用意している。

ここでは，比較的構造が理解しやすく広く使われているものとして，つぎの**タイガーツース弁**と呼ばれる特殊弁を紹介する。

図 3.8 に示すように，バルブは下方から横方向に流れるアングル構造で，流体は部分3に見られるギザギザの多段の間げきを通り，下流側へ通過する。また，中心のプラグの位置を上下することにより通過領域を変化させ，流量の調節を行う。

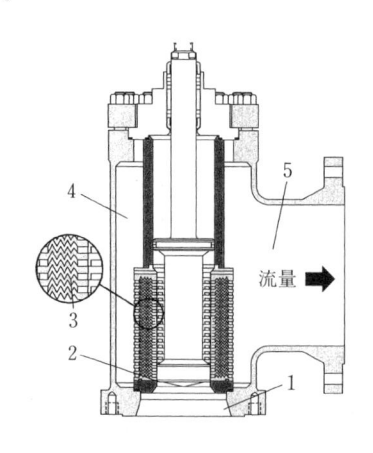

図 3.8 タイガーツース弁

ところで、部分3の間げきは、**図3.9**のように絞り、解放を繰り返し、次第に広がる構造となっており、トータルでは所定の減圧効果を出しているが、一段当りの絞りでは音速を超えない設計となっている。低騒音の効果は著しく、例えば、同一サイズ、同一流量で、通常の弁ではジェット機の騒音に匹敵するような120 dBクラスの騒音を、この弁の採用により通常の屋外の騒音80 dBクラスまで下げることもできる。

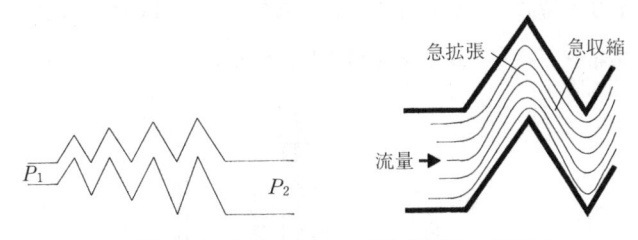

図3.9 タイガーツース弁間げきの形状

　今後、このような調節弁の一次目的である流量調節以外に、二次効果まで満足させるバルブがさらに開発されてくるものと思われる。

3.6　バルブポジショナ

　調節弁には、性能を高めたり機能を拡大させるためにいろいろな付属品が用意されている。開度信号に対応してバルブ開度を調整するバルブポジショナや、緊急遮断用として空気または油圧駆動ラインを切り換える電磁弁、また空気式操作部の場合、所定の空気圧を保持・供給する**エアセット**と呼ばれる圧力調整器などがある。

　特に、**バルブポジショナ**は、流体の圧力変動やトリムを駆動するときに発生する摩擦反力などに影響されずに正確に開度設定信号をバルブ開度に変換できるよう、自動的に駆動部に供給される空気圧を調整する機能をもっている。また、制御信号とバルブ開度の関係をリニアにのみならず、制御目的に応じた特性に変化させる場合にも使用される。

52   3. 操　作 －プロセス操作機器－

バルブポジショナには，開度設定信号が空気式の**空空ポジショナ**，電気式の**電空ポジショナ**などがあり，代表的例として，**図3.10**に電空ポジショナの構造を紹介する。このメカニズムは，要約すると入力電気信号を**トルクモータ**と呼ばれる電磁コイルで力に変換し，一方，バルブトリム位置をレバーおよびスプリングを介して力に変換し，これら二つの力をバランスさせ，その不均衡に応じてバルブの駆動シリンダの上下に送られる空気圧力を調整して最終的に入力信号とトリム位置を一致させる方式である。この構造は，ポジショナ自身で典型的なフィードバックループを構成している。

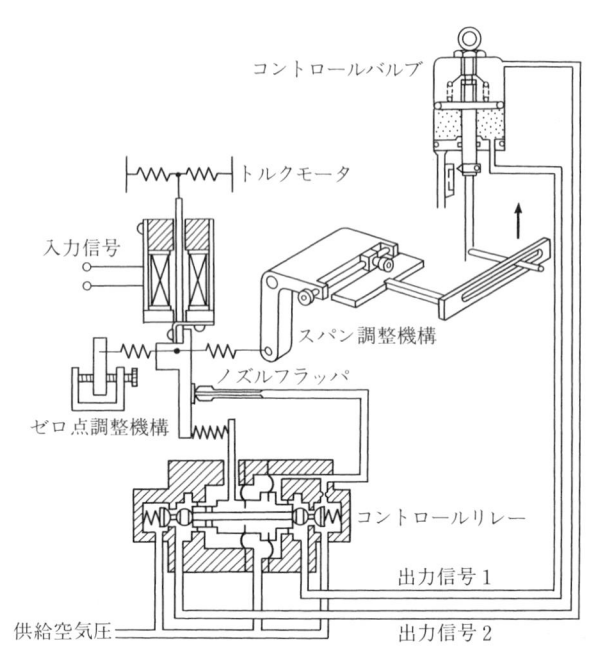

図3.10 バルブポジショナのメカニズム

3.7　自動調節弁の高機能化と今後の展開

いままで述べたように，調節弁の構造は比較的簡単ではあるが多くのバリエーションをもち，あらゆるプロセス工業に広く使われている。今後も操作部と

しては最も幅広く使われると思われるが，プロセス産業自体大規模形から小規模形まで多様化し，またプラント設備コストの低減，効率向上，高度な品質要求，徹底した操業コストの低減など一段と厳しい要求が求められる時代の傾向に伴い，調節弁も従来以上に高機能化，特殊機能への適応，信頼性の向上，低コスト化への対応が展開されよう．

〔**1**〕 **フィールドバス対応形** 特に，最近の計装システムの新転換ともいえるフィールドバスシステムの導入に伴い，調節弁のインテリジェント化は，調節弁のあり方を大きく変える可能性をもっていると思われる．**フィールドバスシステム**は，制御室にある調節部とプロセス現場に設置される測定器や，操作部との間を結合する信号ラインを従来のアナログ信号からディジタル信号へ転換するもので，情報量が飛躍的に増大する．また，信号ケーブルなども多重化伝送により節約できるため，設備コストの低減も可能となり，将来に大きな期待がかけられている．

具体的には，ポジショナ部分にマイクロプロセッサを搭載して，ディジタル信号の特長である双方向性と多重情報送信機能を生かし，調節部との間でさまざまな情報が送受信される．上位調節部からの信号としては，通常の弁開度の設定はもとより，スタートアップ時や緊急時など非定常状態の特定設定信号などが送信され，調節弁側からは実弁開度，異常開度の警報信号の送信，あるいはバルブがスムーズに作動しているかどうかなど，自己診断結果の情報送信が行われる．さらに，バルブの流量特性の変更などもソフト的に処理可能となる．これによりプラントの操業条件に対応し，つねに最適な制御性が得られるだけでなくメンテナンス問題も事前予測と遠隔判断が可能となり，安全性と省力化への貢献は大きくなる．今後もプロセスと操業のノウハウが解析されるにつれ，いっそう効果的な応用方法が開発されよう．

〔**2**〕 **調節弁の計測と制御機能の複合化** 一般に検出部・調節部・操作部はそれぞれ独立した機器で構成されているが，これらを調節弁に複合的に組み込み，あたかも調節弁自身が単独で制御ループを構成しているような方式も実用化され始めている．**図 3.11** は，調節弁のボディー部に圧力検出部 P_1,

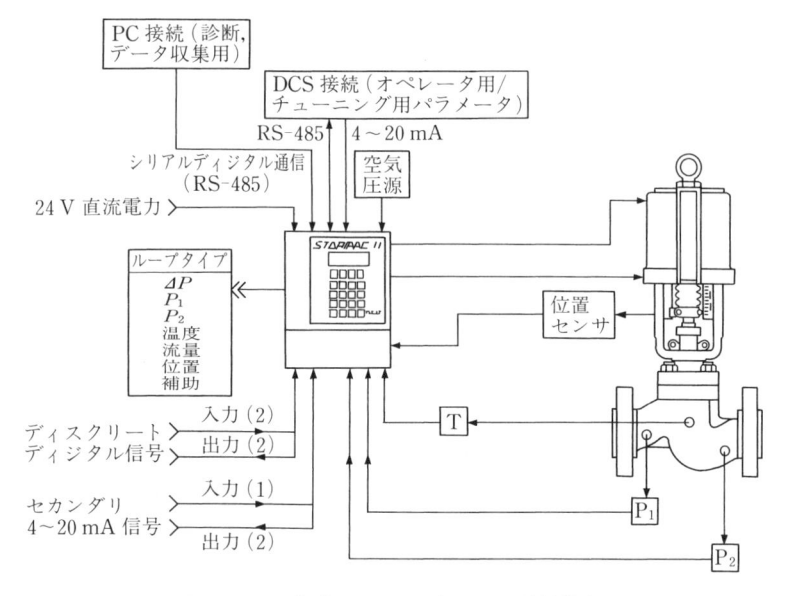

図 3.11 複合インテリジェント形調節弁

P_2，温度検出部 T を組み込み，ポジショナに相当する部分に調節機能をもたせた流量調節器の例である。バルブを通過する流量は，CV 値計算式からも理解されるように，弁開度に対応した絞り係数と弁前後の圧力差，および流体の温度補正値から算出されることを応用している。

〔**3**〕**今後の展開**　調節弁は，プロセス制御機器のなかではほかと比べて，比較的，原理・形状・機能ともにあまり著しい進展が見られていない。これは，直接プロセス自体に組み込まれるため，安全性，信頼性などどうしても実績重視の慎重な姿勢がとられがちであり，また流体条件がきわめて多岐多様で，バルブを通過する流れの性状・メカニズムをすべてにわたって解明することが困難なことにも起因している。

しかし，インテリジェント機能の付加，ボディ部に対する製作加工能力の進歩，材質の向上により，着実に高性能で適応範囲の広いものが出てきている。特に，インテリジェント化や複合化はまだ途についたばかりであり十分その機能を使いこなしているとはいえず，今後飛躍的な進展が見られると思われる。

また，今回は取り上げなかったが，調節弁以外の操作部として，ポンプ，コンベヤなども従来のような単なる移送手段から，より高機能な制御補器と組み合わせた優れた操作部として展開していくことも考えられる。いずれにしても操作部を考える場合，単に機器自体に目を向けるだけでなく，その設置されるプロセス全体を眺めながら適用目的・特性・問題点を的確に捉え，最適な選定と導入を検討する必要がある。

4 制 御
－ PID 制御から APC まで －

4.1 はじめに

　本章では，プロセス制御を実装するプロセス生産制御システムと，その上で動作するプロセス制御の基本方式について説明する。4.1 節ではプロセス生産制御システムについて，4.2 節では制御方式の基本構成について記載する。4.3 節ではプロセス制御の基本である PID 制御について述べる。4.4 節以降では，市場で普及しているアドバンスト制御（APC）の中からその代表的なものについて，プロセス制御の実際への適用上の観点から，セルフチューニングコントロール，ファジィ制御，内部モデル制御，多変数予測制御を紹介する。

4.2 プロセス生産制御システムの位置づけ

　はじめに，広い意味での製造業における運転・制御・操業システムの位置づけを図 4.1 に示す[1),2)]。

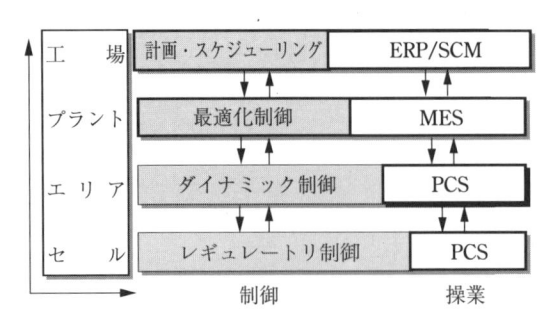

図 4.1 運転・制御・操業システムの位置づけ

4.2 プロセス生産制御システムの位置づけ

　この図は，いわゆる企業活動のビジネスモデルを示しており，**ISA**（Instrument Society of America）の SP 95 標準企画委員会が定める CIM 製造業にける機能階層モデルに対応している。**ERP**（enterprise resource planning）は経営管理レベルであり，経営戦略，経営管理システムや，人事管理，財務管理，生産計画などの基幹業務システムを含む。**MES**（manufacturing execution system）は生産管理レベルであり，自動化・省力化の役割とともに，生産計画を後述する **PCS**（process control system）に伝える役割と，逆に PCS の生産状況をリアルタイムで ERP に伝える役割とを備えている。

　PCS はプロセス生産システムを表し，プラントの操業・運転・監視をつかさどる。生産指令に基づき所定の製品を生産するための高品質と高信頼性が不可欠である。PCS はさらに，フィールド機器やフィールド操作機器などのフィールドレベル，監視制御演算機能をつかさどるコントローラレベル，運転監視操作をつかさどる HMI ヒューマンインタフェースレベルとから構成される。各レベル間は，フィールドバス，制御バス，情報バスにより有機的に結合され，階層構造をなしている。

4.2.1　プロセス制御システムの変遷

　これらの階層システムは，科学技術の進歩とともに形成されてきた。**図 4.2** にプロセス制御システムの変遷の一例を示す[4]。

　1950 年代は，電子式アナログ計器，空気式計器中心のシステムであった。1960 年代に入り，コンピュータの出現とともに SSC や DDC などの工業用コンピュータベースの制御システムが出現した。制御システムの要求されるリアルタイム性と信頼性の面から，**リアルタイムオペレーティングシステム**や**デュアルデュプレックス**など最先端の技術が適用された。

　1970 年代に入り，マイクロプロセッサの出現とともに，**ディジタル式 SLC**（single loop controller）や **DCS**（distributed control system）が出現した。高度成長の追い風に乗って，マイクロプロセッサの進歩とともに SLC や DCS はより高機能化・高信頼性化を追求して，危険分散・機能集中へと進化を続け

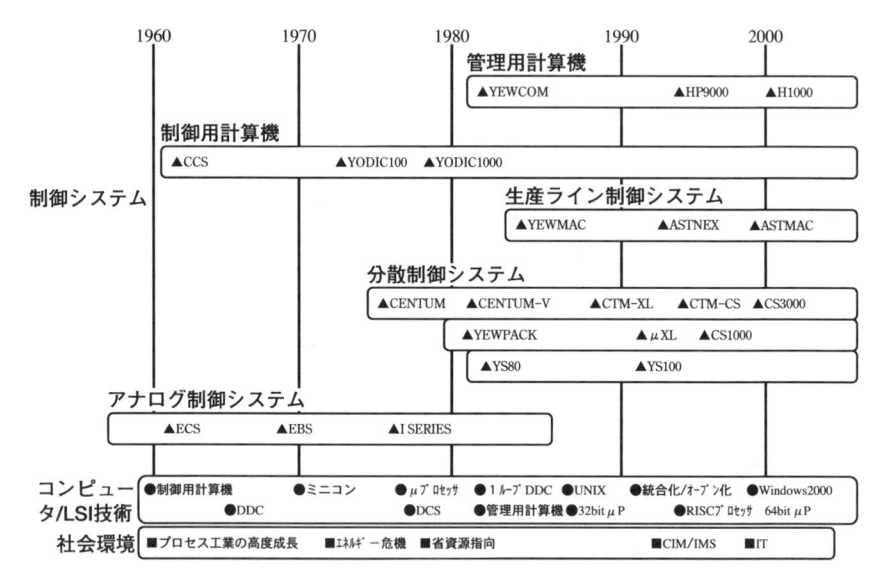

58   4. 制　御 － PID制御からAPCまで －

図4.2　プロセス制御システムの変遷

た。1990年代に入り低成長時代になると，安価な制御システムを指向する傾向となり，PCの普及に合わせて，PCベースの制御システムに置き換わってきた。PCの簡便さと安価さを取り入れつつ，高速性・高信頼性を維持しつつ進歩を遂げている。

制御システムは産業システムの稼動を支えるシステムであり，つねに時代の最先端技術を取り入れる反面，10年，20年といった長期稼動を保証できる信頼性が要求されている。

4.2.2　プロセス制御システムの構成

図4.3にプロセス制御システムの構成例を示す。PCSは，フィールドレベルの監視機器や操作機器，監視制御演算機能をつかさどるコントローラステーション，運転監視操作をつかさどるHMIヒューマンインタフェースステーションとから構成される。各レベル間は，フィールドバス，制御バス，情報バスにより有機的に結合され，階層構造をなしている。

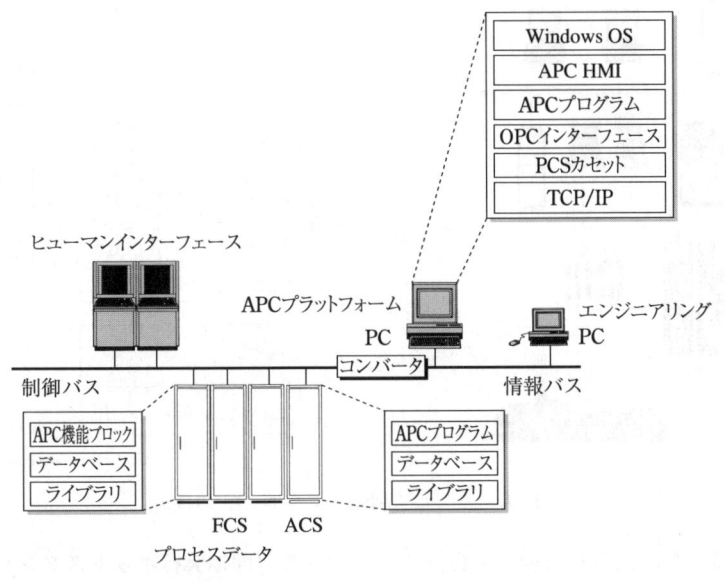

図 4.3 プロセス制御システムの構成例

〔**1**〕 **FCS フィールドコントロールステーションの構成** PCS のコントローラレベルでは，流量・温度・圧力といったフィールドの測定信号を取り込み，その測定データをもとに制御演算を行い，制御信号をフィールドのバルブなどの操作機器に出力する。また，フィールドやフィールド機器の状態や異常をいち早く検知して，HMI 経由でオペレータにイベントや異常を知らせる。オペレータからの操作信号は，コントローラを介してフィールドの操作機器に伝えられる。よって，コントローラの故障は，制御システムだけでなくプラントの運転にとっても大きなダメージを与えることになり，高度の信頼性がつねに要求される。

図 **4.4** にコントローラの一例を示す。コントローラに期待される高い信頼性を確保するために，CPU，制御バス，内部バス，電源などすべての要素が2重化構成を採用している。2重化された CPU は相互に同期を取りながら同一の制御演算を並列して実行しており，一方が制御権をもって出力を行う。制御権をもつ CPU の故障が検知されると，ただちに制御権は待機側の CPU に

60　　4. 制　御 － PID 制御から APC まで －

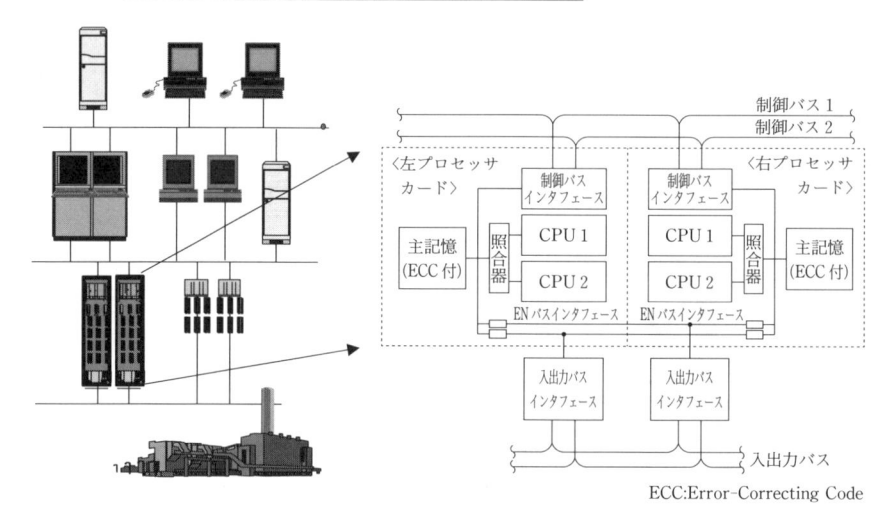

図 4.4　プロセス制御コントローラの構成

切り換わり，出力を継続して行うことができる（**同期実行ホットスタンバイ方式**）。

　PI/O バスインタフェースでは，制御側で PI/O 動作を実行しながら，PI/O バスインタフェースが正常に動作しているかどうかを監視する。待機側でも同様に PI/O バスインタフェースの自己診断を実施しており，制御側に異常が発生して PI/O 動作の継続が不可能になった場合には，即時に待機側に制御権が切り換えられ，PI/O 動作を継続する。

〔2〕　**その他の制御用ステーション**　　制御機能は基本的には FCS フィールドコントロールステーションで実行されるが，大規模な制御機能や，制御ロジックの拡張用には下記のような専用のコントロールステーションも用意されている。

　1）　**アドバンストフィールドコントロールステーション**　　制御機能構成は FCS と同じで制御バスに接続される。フィールドとの入出力は FCS 経由である。制御ロジック拡張用である。

　2）　**アプリケーションステーション**　　制御機能構成の制約はなく，サードパーティの制御ソフトのプラットフォーム用である。データベース構造の統

一，HMI の統合，MES レベルとのデータ授受機能が必要である。

4.2.3 フィールドコントロールステーションの制御機能構成[3),4)]

FCS フィールドコントロールステーションの基本的な制御機能は，アナログ計器時代からの「機能ブロック」と呼ぶ PID 制御や複合演算などの最小単位を組み合わせて実現している（**表 4.1**）。また，これらの機能ブロックを組み合わせることにより，プラントの制御装置に対応したユニット単位の操作・監視を実現している。

〔1〕 **基本機能ブロックの構成**　図 4.5 に連続制御用の機能ブロックの構成を示す。連続制御ブロックは，おもにアナログ信号（アナログ値）を入力値として制御演算処理を行い，演算処理の結果を操作出力値（MV）として出力する。連続制御ブロックには，入力処理，制御演算処理，出力処理，およびアラーム処理の四つの基本機能がある。

1）入力処理　入力端子から信号を受け取り，前処理演算後に測定値（PV）を出力する。

2）制御演算処理　測定値（PV）を読み込んで制御演算処理を行い，操作出力値（MV）を出力する。

3）出力処理　操作出力値（MV）を読み込んで，出力端子に制御演算処理の結果を出力信号として出力する。

4）アラーム処理　測定値（PV），操作出力値（MV）などの異常を検出して，操作監視機能に通知する。

〔2〕 **拡張機能**　制御機能レベルにおいても，オープン化や使いやすさを考慮して種々の機能拡張が必要とされている。

1）ユーザプログラミングによる記述　制御アルゴリズムのフィールドとの通信プロトコルのカスタマイズに対応して，ロジックを個別にプログラミングして記述できる。

2）アプリケーション別ひな形　アプリケーション用途に応じて使用できる制御機能の資源容量を設定できる。これにより，エンジニアリング段階で

表4.1 FCSの制御機能構成

制御機能	機能概要	機能ブロック
連続制御	おもにアナログ信号を入力値として制御演算処理を行い，その結果を用いてプロセス監視や制御を行う機能	指示警報，調節，手動操作，信号設定，信号制限，信号選択，信号分配，パルスカウント
シーケンス制御	シーケンステーブル，ロジックチャートなどあらかじめ定義された手順，条件，順序に従って制御の各段階を遂次実行する	シーケンステーブル，ロジックチャート，SFC，スイッチ，タイマ，カウンタ，バルブモニタ
数値・論理演算	連続制御機能，シーケンス制御機能を補助するために，入力値に対して数値演算，アナログ演算，論理演算などの汎用的な演算処理を行う	加減乗除，開平，指数，進み遅れ，積分微分，むだ時間，移動平均，温度圧力補正，論理演算，ビット論理演算，切換スイッチ，フリップフロップ，汎用演算，文字列演算
フェースプレート	複数の機能ブロックを一つの機能ブロックとして表示操作できるようにする機能	アナログ形，シーケンス形，ハイブリッド形
ユニット管理	蒸留，反応といったプロセスを構成するユニット単位の操作を一つの計器として実行する機能	ユニット計器，単位シーケンス
ソフト入出力	演算結果の一時保持，外部との信号授受用バッファ，メッセージ	シーケンスメッセージ，アナンシエータ，コモンスイッチ
プロセス入出力	フィールド機器との入出力機能	アナログ入出力，ディジタル入出力，通信入出力，フィールドバス入出力

個別にリソースの配分を考慮する負荷を低減できる。

3) FCSシミュレーション機能 制御機能をターゲットシステムなしにPC上のエンジニアリング環境上で稼動できる。複数のFCSシミュレーション機能が動作することにより，制御システム全体のデバックが可能となる。

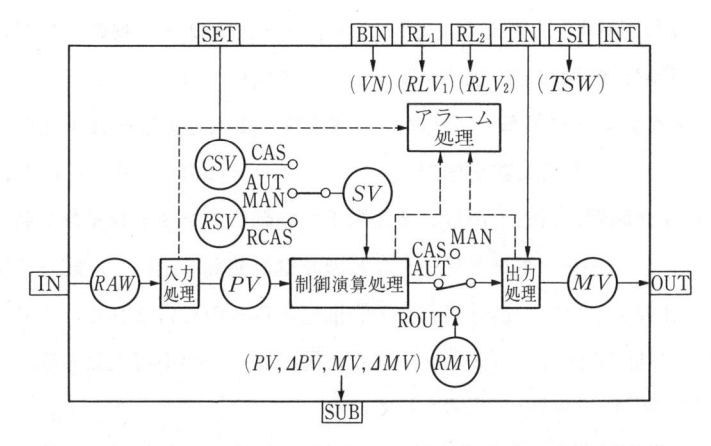

IN	：入力端子	RAW	：生入力信号
SET	：設定入力端子	PV	：測定値
BIN	：補償入力端子	SV	：設定値
RI_n	：リセット信号入力端子	CSV	：カスケード設定値
TIN	：トラッキング入力信号端子	RSV	：リモート設定値
TSI	：トラッキングスイッチ入力端子	VN	：入力補償値
INT	：インタロックスイッチ入力端子	RMV	：リモート操作出力値
SUB	：補助出力端子	RLV_n	：リセット信号
OUT	：出力端子	MV	：操作出力値
		TSW	：トラッキングスイッチ

図 **4.5** 連続制御機能ブロックの構成

4.3 制御方式の構成

　本節からは，前節までの制御プラットフォームの上に実現される制御方式について述べる。プロセス制御方式は，一般につぎのような階層構造をとっている。

〔1〕 **制御方式の階層化**

　1） **レギュレートリ制御**　　プロセスの情報はセンサを介してコントローラに入力される。またコントローラの出力はアクチュエータを介してプロセスに伝えられる。このレベルのコントローラの 90％は PID 制御であり，プロセス制御量を与えられた設定値に保持することがこの**レギュレートリ制御**の目的

である。PID制御を補完するために，**フィードフォワード制御，むだ時間補償制御，非線形制御**などの機能を組み合わせて使用される。

2） ダイナミック制御　　個々の制御変数の変動分散値を最小にし，最適な運転ポイントに制御変数を移動してプロフィットの最大化を図るのが，この**ダイナミック制御**の目的である。**多変数予測制御**や**コンストレイント制御**が主流である。ニューラルネットワークなどの非線形演算を用いて，成分性状のオンライン計算や，反応の進行状態を予測推定するものも含まれる。このためモデリングや制御系設計，シミュレーション用のツールが不可欠である。実際的なプロセス制御ノウハウが蓄積されている。

3） 最適化制御　　**最適化制御**は，厳密な最適モデルを用いて最適な運転ポイントを連続的に計算する。市場の需要や資源の供給状況に応じてリアルタイムで最適な運転状態を設定する。アドバンストアラームやプラント診断，オペレータトレーニングなどもアドバンスト制御を効果的に働かすために必要とされる。

上記の階層構造の中で，レギュレートリ制御は前述のFCSフィールドコントロールステーションに実装される。ダイナミック制御は，FCSや前節のACSに実装される。最適化制御は生産計画レベルで実現される。

〔**2**〕 **フィードバック制御構成**[5),6),10)]　　プロセス制御の基本は**フィードバック制御**である。フィードバック制御の目的は，外乱や測定ノイズの影響，制御対象の特性変動などを抑えるための**外乱抑制特性**と，設定値変更時に制御量の**立上り時間・行過ぎ量・整定時間**を所定の値にするための**目標値変更追従特性**とをそれぞれ実現することに分けられる。これらの特性は，フィードバックループのどこに補償要素を入れるかにより実現される。一般的には，**図 4.6**に示すような基本的な構成が考えられている。外乱抑制特性と目標値追従特性という観点から見ると，この四つのフィードバック方式は等価変換が可能であることが文献5）に示されている。実際には，実現する制御装置に応じて使い分けられる。

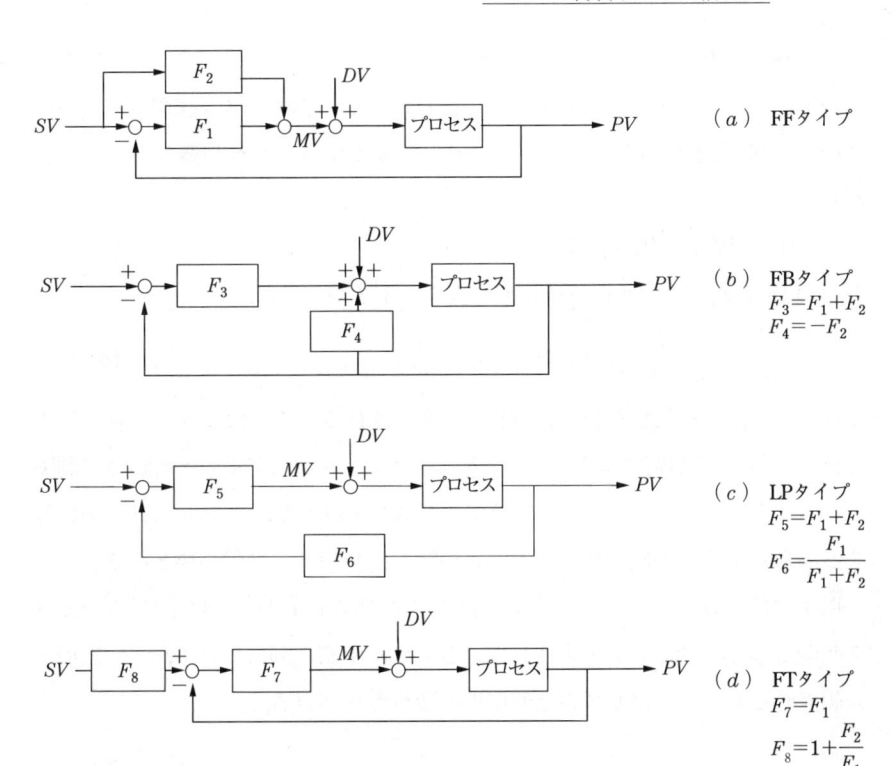

図 4.6 フィードバック制御の基本構成

(a) FFタイプ

(b) FBタイプ
$F_3 = F_1 + F_2$
$F_4 = -F_2$

(c) LPタイプ
$F_5 = F_1 + F_2$
$F_6 = \dfrac{F_1}{F_1 + F_2}$

(d) FTタイプ
$F_7 = F_1$
$F_8 = 1 + \dfrac{F_2}{F_1}$

外乱抑制性能については，設定値 SV および外乱 DV に対する制御偏差 E を小さくすることで，その性能を表すことができる．図 **4.6**(d) の FT 形を使って記述すると，制御偏差 E は

$$E = \frac{DV}{1 + PF_7} + \left(\frac{PF_7 F_8}{1 + PF_7} - 1 \right) SV \tag{4.1}$$

となる．P はプロセス特性を示す．よって外乱抑制は補償要素 F_7 を使って調整し，設定値追従性は目標値フィルタ F_8 を使って個別に設計できる．制御性能の観点からは，ゲイン $|PF_7|$ は高周波領域では小さくなるので，低周波領域で $|PF_7|^{-1}$ が所定の値以下になるように設計することになる．

$$W_1 > |PF_7| \tag{4.2}$$

一方，モデル誤差に対する安定性の観点からは，ナイキスト線図上で閉ループの一巡伝達関数 PF_7 が内点 $(-1, 0)$ を含まないことが必要である。すなわち

$$|1 + PF_7| > (|PF_7|L_m) \tag{4.3}$$

L_m は想定されるモデルの不確かさを表す。よって

$$\frac{1}{L_m} > \left|\frac{PF_7}{1 + PF_7}\right| \fallingdotseq |PF_7| \tag{4.4}$$

となる。左辺は高周波領域では $|PF_7|$ に近似される。これは，コントローラの設計において，高周波領域でのコントローラゲインがモデルの不確かさで制限されることを示している。式(4.2)および式(4.4)より，コントローラを設計する場合には，その制御性と安定性との間でトレードオフが必要となる。

以下の節では，フィードバック制御の基本である PID 制御と，ダイナミック制御として昨今多く実用化されているモデル予測制御について，主に実用上の観点からそのアルゴリズムと使用上の留意点を述べる。

4.4 PID 制 御[3),4)]

レギュレートリ制御の基本は **PID 制御**であり，プロセス制御において最も使用されている制御方式である。ここでは PID 制御について，実際の製品化されている機能を中心に説明する。

PID 制御演算ブロックは図 **4.5** に示す基本構造をもつが，さらに表 **4.2** のような制御演算機能を備えている。

以下に代表的な動作について説明する。

〔**1**〕 **PID 制御アルゴリズム**　図 **4.7** に PID 制御アルゴリズムの構成を示す。PID 制御アルゴリズムは，比例演算，積分演算，微分演算の 3 種類の制御動作から構成されるが，制御対象の特性や制御の目的に応じて，以下の三つの PID 制御アルゴリズムを実現できる。

4.4 PID 制御

表 4.2 PID 制御演算機能

制御演算動作	説明
PID制御アルゴリズム	PID制御アルゴリズムを使用して，操作出力値 MV および操作出力変更量 ΔMV を算出する
非線形ゲイン	比例ゲインを偏差の大きさに対応づけて変化させ，偏差と操作出力変更量の関係を非線形とする
ギャップ動作	偏差がギャップ幅 GW の範囲内にあるとき，比例ゲインを小さくして調節作用をゆるやかにする
偏差二乗動作	偏差がギャップ幅の範囲内にあるとき，偏差の大きさに比例して比例ゲイン Kpe を変化させる
制御出力動作	制御周期ごとの操作出力変更量 ΔMV を実際の操作出力値 MV に変換する。制御出力動作には「位置形」と「速度形」がある
制御動作方向	偏差の増減に対する出力の動作方向（正動作，逆動作）を切り換える
リセットリミット機能	PID制御演算の際に補助入力として読み込んだ値を使用して補正演算を行う。この機能によってリセットワインドアップを防ぐ
不感帯動作	偏差が不感帯幅の範囲内にある場合に，操作出力変更量を0にすることにより，操作出力値の変更を停止させる
入力補償	PID制御演算の入力信号に外部からの入出力補償値を加算する
出力補償	PID制御演算の出力信号に外部からの入出力補償値を加算する
測定値トラッキング	設定値 SV を測定値 PV に一致させる
設定値リミッタ	設定値を設定上下限設定値（SVH, SVL）内に制限する
設定値プッシュバック	3種類の設定値（SV, CSV, RSV）をいずれかの値に一致させる
バンプレス切換	ブロックモードの変更やカスケード下流ブロックにおける操作出力値 MV の切換に対して，操作出力値を急変させることなく切り換える
制御ホールド	ブロックモードを現状維持したまま，一時的に制御動作を中断させる。このとき出力動作は通常どおりに行われる
AUT/MANフォールバック	ブロックモードをAUTまたはMANモードに変更して，制御動作を強制的に切り換える。フォールバック条件成立時に動作する
コンピュータフェイル	機能ブロックがRCASモードまたはROUTモードで運転中に上位コンピュータの異常が検出されると，制御動作を一時中断してコンピュータバックアップモードに切り換える。コンピュータフェイル条件成立時に動作する

表 4.2 PID 制御演算機能（つづき）

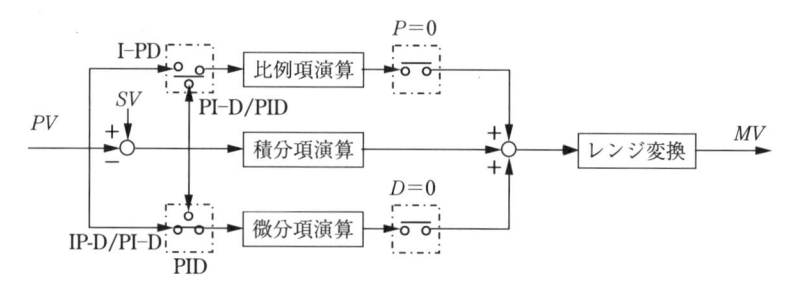

制御演算動作	説明
プライマリダイレクトモード動作	ブロックモードをこのモードに変更したとき，カスケード設定値を操作出力値に変換して出力する

図 4.7 PID 制御アルゴリズム

1) PID 形 PID 制御アルゴリズム　PID 形 PID 制御アルゴリズム（**PID**）は，設定値の変更に対して，比例，積分，および微分の各制御動作を行う。このアルゴリズムは，プロセスの時定数が長く，設定値変更に対する追従性を重視させる場合に使用する。PID 形 PID 制御アルゴリズムの演算式を以下に示す。

$$\Delta MV_n = K_p \times K_s \left\{ \Delta E_n + \frac{\Delta T}{TI} \times E_n + \frac{TD}{\Delta T} \times \Delta(\Delta E_n) \right\}$$

$$E_n = PV_n - SV_n, \quad K_p = \frac{100}{PB}$$

$$K_s = \frac{MSH - MSL}{SH - SL} \tag{4.5}$$

ここで，ΔT：制御周期，PV_n：測定値，SV_n：設定値，ΔE_n：偏差の変化量，$\Delta E_n = E_n - E_{n-1}$，$K_p$：比例ゲイン，$PB$：比例帯〔％〕，$TI$：積分時間，$TD$：微分時間，$K_s$：スケール変換係数，$SH$：PV スケール上限値，$SL$：PV スケール下限値，$MSH$：MV スケール上限値，$MSL$：MV スケール下限値

2) 比例微分先行形 PID 制御アルゴリズム　比例微分先行形 PID 制御

アルゴリズム（I-PD）は，PID形と比べて，設定値の変更に対して積分動作のみを行う点が異なる。このアルゴリズムでは，設定値のステップ上の変更があっても安定した制御特性を得ることができる。一方，制御対象プロセスの特性変化，負荷変動，または外乱の発生に対しては，比例，積分，および微分の各制御動作が行われるため，良好な制御性を得ることができる。比例微分先行形 PID 制御アルゴリズムの演算式を以下に示す。

$$\Delta MV_n = K_p \times K_s \left\{ \Delta PV_n + \frac{\Delta T}{TI} \times E_n + \frac{TD}{\Delta T} \times \Delta(\Delta PV_n) \right\} \quad (4.6)$$

ここで，PV_n：測定値変化量，$\Delta PV_n = PV_n - PV_{n-1}$ である。

3) 微分先行形 PID 制御アルゴリズム 微分先行形 PID 制御アルゴリズム（PI-D）は，PID形と比べて，設定値の変更に対して比例および積分の各制御動作を行い，微分の制御動作は行わない。カスケード制御の下流側ループのように，設定値への追従性をよくしたい場合などに使用する。

$$\Delta MV_n = K_p \times K_s \left\{ \Delta E_n + \frac{\Delta T}{TI} \times E_n + \frac{TD}{\Delta T} \times \Delta(\Delta PV_n) \right\} \quad (4.7)$$

実際の制御では，PIDブロックのブロックモードがカスケード CAS モードまたはリモートカスケード RCAS モードの場合は，設定値の変更に対する追従をよくするために微分先行形 PID 制御アルゴリズムで演算を行う。一方，ブロックモードが自動 AUT モードの場合は，数値設定による急激な設定値の変更に対して安定した制御特性を得るために，比例微分先行形 PID 制御アルゴリズムで演算を行う。

〔2〕**非線形ゲイン** 非線形ゲインは，制御演算を行うときに，比例ゲインを測定値 PV と設定値 SV の偏差の大きさに対応づけて変化させる機能である。これにより，測定値 PV と設定値 SV の偏差と操作出力変更量 MV の関係を非線形関係にすることができる。

非線形ゲインは，pH 制御のように目標値付近のプロセスゲインが高い制御や，バッファタンクのレベル制御のように，レベルを制限値以内に保ちながらできるだけ抜出し量を一定に保つことを目的とした制御などに使用する。非線

形ゲインを実現する機能としては，偏差がギャップ幅 GW の範囲内にある場合，動作に応じて，**ギャップ動作**および**偏差二乗動作**などを実現できる。

1) ギャップ動作　偏差がギャップ幅 GW の範囲内にある場合の実効比例ゲイン K_{pe} は以下のようになる。

$$K_{pe} = K_p \times K_{nl} \tag{4.8}$$

ここで，K_{nl} は線形ギャップゲインで，0から1の値をとる。また，偏差がギャップ幅を超えた後の実効比例ゲインは以下の式になる。

$$K_{pe} = K_p \left\{ 1 - \frac{(1 - K_{nl}) \times GW}{|E_n|} \right\} \tag{4.9}$$

2) 偏差二乗動作　偏差がギャップ幅（GW）の範囲内にある場合の実効比例ゲインは

$$K_{pe} = \frac{|E_n|}{GW} \times K_p \tag{4.10}$$

となり，偏差がギャップ幅を超えた後の実効比例ゲインは以下の式になる。

$$K_{pe} = K_p \tag{4.11}$$

〔3〕**制御出力動作**　**制御出力動作**は，制御周期ごとの操作出力変更量 $\varDelta MV$ を実際の操作出力値 MV に変換する。

1) 速度形　出力先から読み返した値 MV_{rb} に今回の操作出力変更量 $\varDelta MV_n$ を加算し，操作出力値 MV_n を決定する。

$$MV_n = MV_{rb} + \varDelta MV_n \tag{4.12}$$

2) 位置形　前回の出力値（MV_{n-1}）に今回の操作出力変更量（MV_n）を加算し，操作出力値 MV_n を決定する。

$$MV_n = MV_{n-1} + \varDelta MV_n \tag{4.13}$$

〔4〕**制御動作方向**　制御動作方向は，偏差の変化に対応する操作出力値 MV の増減方向を示す正動作と逆動作を切り換える。

1) 正動作　測定値 PV が増加すると操作出力値 MV も増加し，測定値が減少すると操作出力値も減少する。

2) 逆動作　測定値が増加すると操作出力値が減少し，測定値が減

少すると操作出力値が増加する。

〔**5**〕**リセットリミット機能**　リセットリミット機能は，PID制御演算の積分項に制限値を設けることでリセットワインドアップ（積分飽和）の発生を防ぐ機能である。

1）**リセットワインドアップ**　PID制御演算における積分動作の値は，偏差の時間積分値である。そのため，バッチ制御の制御停止期間のように偏差の発生状態が長時間続くと，積分動作によってPID制御演算の積分項が飽和する。この状態を**リセットワインドアップ**（**積分飽和**）という。例えば，以下のような場合にはしばしばリセットワインドアップが発生する。

（1）　制御演算値が操作出力上下限設定値（MH，ML）を超えたため，出力制限されたとき。

（2）　操作端への出力をオートセレクタブロックなどで切り換えたとき。

（3）　ベースロード制御を行うフィードフォワード制御の微調整のために，PID調節ブロック（PID）からの操作出力を加算出力しているとき。

リセットワインドアップが発生すると，制御結果にオーバシュートが起こりやすくなり，プロセスが不安定になる。リセットワインドアップが発生する制御系には，制御出力動作を位置形にし，リセットリミット機能を使用する。

2）**リセットリミット機能**　リセットリミット機能は，PID制御演算の際に入力端子（RL_1，RL_2）の結合先から読み込んだ値を使って補正演算を行う。入力端子（RL_1，RL_2）の結合先から読み込んだ値をリセット信号（RLV_1，RLV_2）とすると，PID演算の出力値（MV_{n0}）に対してリセット信号（RLV_1，RLV_2）を使って補正演算を行い，操作出力上下限設定値（MH，ML）などによって出力制限される前の出力値（MV'）の積分項を制限する。

制御出力動作が速度形の場合は，通常であれば，操作出力変更量 $\varDelta MV$ の毎周期累積値に制限があるため，リセットワインドアップは発生しない。ただし，出力先からの読返し値が出力制限を受けていないときは，位置形の場合と同様に毎周期操作出力変更量が累積されるため，リセットワインドアップが発生する。

3）出力過大引戻し現象　パルス状の外乱によって操作出力値 MV が変化して操作出力上下限設定値（MH, ML）の制限を受けたとき，制御出力動作が速度形の場合には**出力過大引戻し現象**が発生する。

出力過大引戻し現象とは，外乱の発生によって測定値 PV が大きく変化したために操作出力値が操作出力上下限設定値の制限を受けた場合に，外乱がおさまって測定値が元に戻る際に，操作出力値が外乱発生前の操作出力値よりも過大に引き戻される現象である。

この現象は，外乱発生時の操作出力値の変化量は操作出力上下限設定値による制限を受けているが，元に戻るときの操作出力値の変化量は操作出力上下限設定値（MH, ML）の制限がないために発生する。なお，制御出力動作が位置形の場合は，操作出力値の比例項が操作出力上下限設定値の制限を受けないので，出力過大引戻し現象は発生しない。

〔**6**〕**入力補償**　入力補償とは，PID 制御演算の入力信号に外部からの入出力補償値 VN を加算する制御動作である。入力補償の演算式を以下に示す。

$$CV_n = PV_n + CK(VN + CB) \tag{4.14}$$

ここで，CV_n：制御変数（入力補償後の PV），PV_n：測定値，CK：入出力補償ゲイン，CB：入出力補償バイアス（内部バイアス），VN：入出力補償値（バイアス信号）である。

【入力補償の使用例】

入力信号をむだ時間補償ブロック（DLAY-C）からの信号で差し引いて，PID 制御演算を行うことによってむだ時間の大きいプロセスの制御性をよくしようとする場合（スミスのむだ時間補償）などに，入力補償を使用する。

〔**7**〕**出力補償**　出力補償とは，PID 演算の出力信号に外部からの入出力補償値（VN）を加算する制御動作である。出力補償の演算式を以下に示す。

$$MV_n = MV_{n0} + CK(VN + CB) \tag{4.15}$$

ここで，MV_n：出力補償後の操作出力，MV_{n0}：出力補償前の操作出力，

CK：入出力補償ゲイン，CB：入出力補償バイアス（内部バイアス），VN：入出力補償値（バイアス信号）である。

【出力補償の使用例】

　フィード量の測定入力信号を調節出力信号に加算してフィードフォワード制御を行う場合や，干渉ループの出力信号を調節出力信号に加算して非干渉制御を行う場合などに，出力補償を使用する。

　〔8〕 **測定値トラッキング（メジャートラッキング）**　測定値トラッキングは，メジャートラッキングともいい，手動 MAN モードから自動 AUT モードへ切り換えたときの急激な操作出力値 MV の変動を抑えるために，手動モード時は設定値 SV を測定値 PV に一致させることである。

【測定値トラッキングの特性】

　手動モードから自動モードへ切り換えるとき，偏差が大きいと操作出力変更量 ΔMV も大きくなり好ましくない。この場合，手動モードでの運転中に測定値トラッキングによって設定値を測定値に常時一致させておくことで，自動モードに切り換えたときに急激な調節動作が働かないようにすることができる。

　また，カスケード1次側ループが自動モードまたはカスケード CAS モードで制御中に，2次側ループをカスケードモードから自動モードに切り換えると，カスケードオープン状態となり1次側ループの制御動作が停止する。このとき，測定値トラッキングによって，1次側ループの設定値を測定値とつねに一致させておくこともできる。

　〔9〕 **バンプレス切換**　バンプレス切換は，機能ブロックのブロックモードの切換や，カスケード下流での操作出力値の切換に対して，操作出力値を急変させることなくバンプレスに切換を行う。

　1）**制御出力動作が速度形の場合の動作**　制御出力動作が速度形の場合は，制御演算結果の操作出力変更量 ΔMV_n を結合先の現在値に加算して出力するため，操作出力値を急変させることなくブロックモードの変更やカスケードのスイッチの切換を行うことができる。

2）制御出力動作が位置形の場合の動作　制御出力動作が位置形の場合は，機能ブロックのブロックモードがトラッキング TRK モードに変更された，またはカスケード下流ブロックがカスケードオープン状態になったなどの要因によって制御動作が停止した状態から制御動作が再開されたときに，操作出力値が急変する恐れがある。

これを防ぐために，停止中は前回出力値を出力先の値に一致（トラッキング）させている。これにより，操作出力値を急変させることなく，ブロックモードの変更やスイッチの切換を行うことができる。

〔**10**〕**フォールバック動作**　**フォールバック動作**は，フォールバック条件成立時に，ブロックモードをカスケードモードまたはプライマリダイレクト PRD モードから自動モード／手動モードに変更して，オペレータ設定値を使用した制御動作に切り換える異常処理機能の一つである。

〔**11**〕**コンピュータフェイル**　**コンピュータフェイル**は，リモートカスケード RCAS モードまたはリモート出力 ROUT モードで上位コンピュータからの設定値 SV を使用して運転中に，上位コンピュータが異常になったことを示すコンピュータフェイル条件が成立すると，ブロックモードをあらかじめ設定されているコンピュータバックアップモード（MAN，AUT，または CAS）に変更する。

〔**12**〕**プライマリダイレクト（PRD）モード動作**　**プライマリダイレクト（PRD）モード動作**は，カスケード下流ブロックにおいてブロックモードをプライマリダイレクトモードに変更した場合に，カスケード上流ブロックからの設定値を操作出力値に変換して出力する。カスケード設定値から操作出力値への変換は，制御動作方向の正動作，逆動作に応じて異なる。カスケード下流ブロックのプロセス入力信号異常などのために，一時的に上流ブロックのみで制御を行いたい場合，下流ブロックをプライマリダイレクトモードにブロックモード変更する。

カスケード下流ブロックのブロックモードがプライマリダイレクトモードに遷移するときに操作出力の急変が起こらないようにするため，カスケード上流

ブロックの出力トラッキング機能が利用される。下流側ブロックをプライマリダイレクトモードにブロックモード変更したとき，下流側ブロックの操作出力値に上流側ブロックの操作出力値をトラッキングさせるために，カスケード下流ブロックは操作出力値を設定値（SV, CSV, RSV）に戻す。

4.5 セルフチューニングコントロール[7],[8]

PID制御定数の設計方法については，多くの文献に記載されている[3]。ここではPID制御の拡張として，PID定数を自動設定するセルフチューニングコントローラについて触れておく。詳細については参考文献7）に記載されている。

現在では，多種多様なセルフチューニングコントローラやオートチューニングコントローラが市場で利用可能である。これらのコントローラはつぎのようなニーズを満たすべく工夫がされている。

(1) コントローラのパラメータチューニング時に，操業に支障を与えるような過大なテスト信号の印加や特殊な運転モードを必要としない。
(2) 誤チューニングによる誤動作に対して安全策が用意されている。
(3) 高度の知識を必要とせずに使えるかまたはそのための支援機能が提供される。

一方，制御技術的に見てオートチューニング手法はつぎのような方法に分類される。

(1) プロセスの入出力信号から最小二乗法を用いてプロセスのARXモデルを推定し，最適なコントロールパラメータ（多くはPID制御）を求める。
(2) プロセスをオンオフ的に振動させ，その振動周期と振幅からコントロールパラメータを求める。
(3) ファジィ推論やニューラルネットワークを用いて，プロセスの応答波形からコントロールパラメータを学習的に求める。

学習プロセスの多くは制御出力を振動させたり，長時間のデータ収集を必要とするなど，ユーザが手軽に使用するには抵抗が多い。

一例として，一般的なセルフチューニングコントローラの概要を図 4.8 に示す。セルフチューニングコントローラは制御するプロセスの入力と出力を常時監視している。コントローラがプロセス出力の変動が大きくなったと判断すると，収集した時系列データを用いてプロセスモデルの推定計算を開始する。キーポイントは，短時間の閉ループ応答データからどのようにしてモデルを推定するかである。

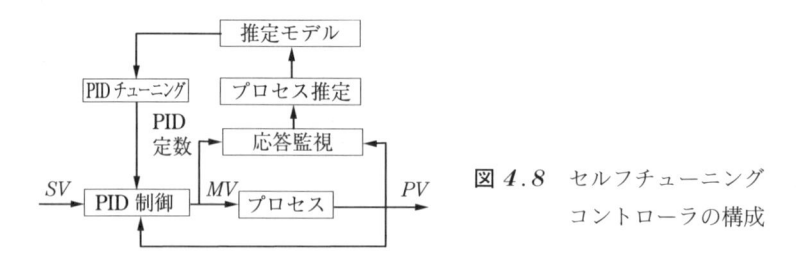

図 4.8　セルフチューニングコントローラの構成

第1に指定された周波数帯域での観測ノイズを除去する。第2に逐次パラメータ推定法や非線形プログラミング手法を用いて，収集しておいた入出力データからプロセスモデルを同定する。モデルは PID 定数のチューニングという用途から"むだ時間＋一次遅れまたは二次遅れ"モデルで近似する。第3にモデルの確実性という概念を導入し，モデル誤差が小さい場合のみそのモデルを採用し，PID 定数を計算する。以上の動作を観測周期ごとに繰り返す。

4.6　ファジィ制御

ファジィ制御はヒューリスティックな非線形制御の一種である。プロセスのモデルを数式で表記することは難しいが，オペレータやエンジニアが経験則として運転ノウハウをもっている場合に有効である。彼らのノウハウを if-then-else 形式で具体化し，ファジィ制御演算で出力を計算する。非線形性の補償や

多変数入力の制御を扱うことができる．ファジィ制御も，単独で使用される場合よりも PID 制御と合わせて適用することにより，上述の効果を発揮できる．

図 **4.9** にファジィ制御の動作原理を示す．ファジィ制御を FCS 内で実現するために，入出力数，レベル数，ルール数がその用途と実装されるプラットフォームに応じて設定される．プロセスからの入力信号はメンバシップ関数を用いて前件部ファジィ変数に変換される．つぎに個々の制御ルールごとにその入力の最小値が計算され，それらの荷重平均から後件部ファジィ制御変数が計算される．最後にファジィ変数は出力のメンバシップ関数を用いて出力値に変換される．

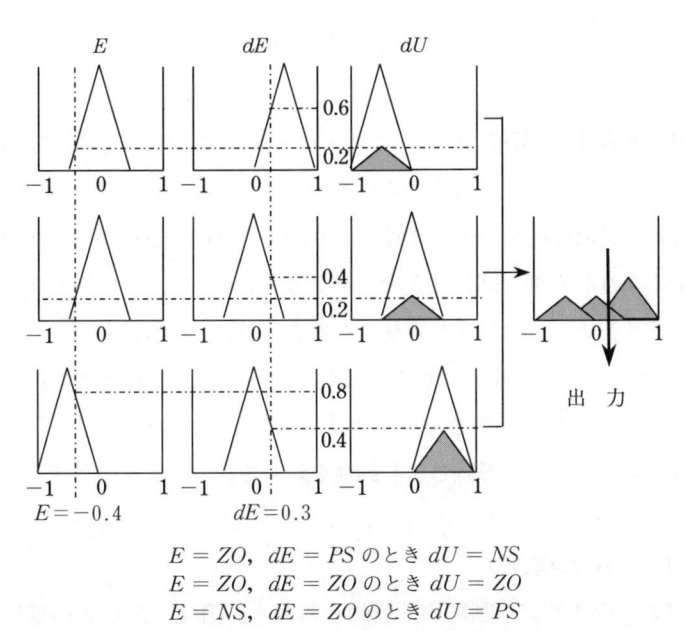

$E = ZO, dE = PS$ のとき $dU = NS$
$E = ZO, dE = ZO$ のとき $dU = ZO$
$E = NS, dE = ZO$ のとき $dU = PS$

図 **4.9** ファジィ制御の動作原理

図 **4.10** に，ファジィ制御のボイラ蒸気温度制御での構成例を示す．通常の PID 制御に対して蒸気ファジィ制御で従来の PID 制御系を構成することも可能であるが，運転ノウハウを実現する方法として，既存の制御機能と組み合わせ，ハイブリットな制御系を構成して使用されるケースが多い．

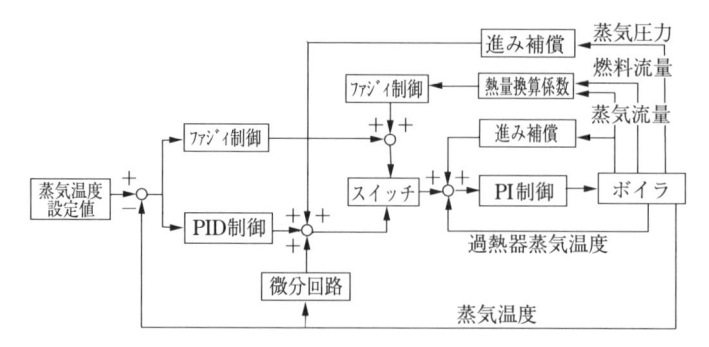

図 **4.10** ボイラ蒸気温度制御へのファジィ制御の応用例

4.7 内部モデル制御[9),10)]

内部モデル制御（IMC）とは，コントローラ内部に明示的に制御対象のモデルをもつコントローラである。その長所として，安定なコントローラを設計することができれば内部モデル原理により閉ループの安定性が保証される点，整定時間のような直接制御特性を表すパラメータをチューニング定数にもつので，オンラインチューニングが容易になる点が挙げられる。

IMC のチューニングは一般的に 2 段階に分かれる。まずモデル誤差や入力の飽和特性を考慮せず，最適に設定値追従特性をもつコントローラを設計する。つぎにロバスト性を考慮して制御性を緩める。

4.7.1 IMC の構造

図 **4.11** に内部モデル制御の一般的な構成を，図 **4.12** にその等価変換を示す。コントローラは内部モデル P_M とフィルタから構成されており，図 **4.12** のブロック図から制御入力 MV は次式のように計算される。

$$MV = Q\{SV - DV - (P - P_M)MV\}$$
$$MV = \{I + Q(P - P_M)\}^{-1} Q(SV - DV) \qquad (4.16)$$
$$PV = P \cdot MV + DV$$

4.7 内部モデル制御

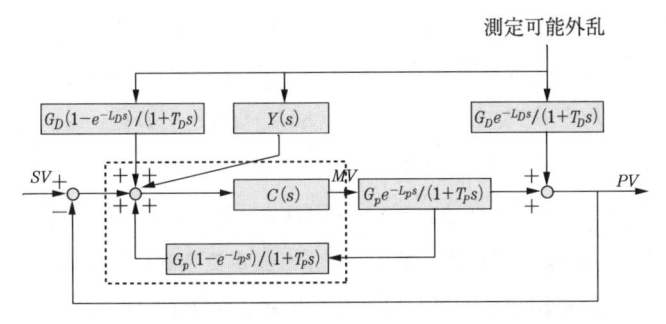

測定可能外乱

$$C(s) = (1 + T_{PS})/G_P(1 + DTC_S)$$
$$Y(s) = G_D(1 + DTC_{DS})/(1 + T_{DS})e^{-s(\max(0, D-L_P))}$$

図 4.11 IMC 内部モデル制御の基本構成

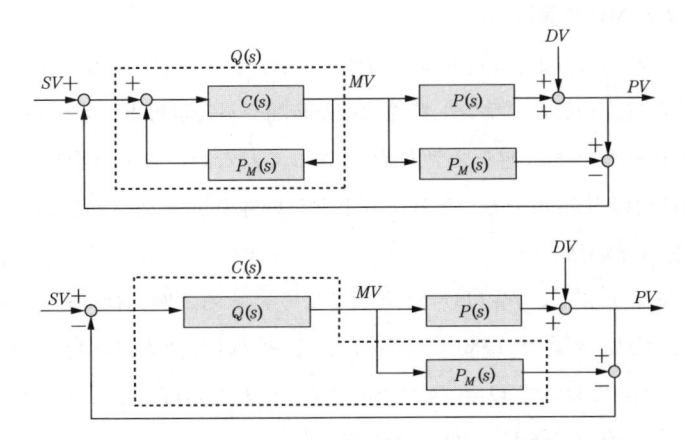

コントローラ：$C(s)$，内部モデル：$P_M(s)$，プロセス：$P(s)$

図 4.12 IMC 内部モデルの等価変換

$$= P\{I + Q(P - P_M)\}^{-1}Q(SV - DV) + DV \quad (4.17)$$

ここで，$Q(s)$：コントローラ，$P(s)$：プロセス，$P_M(s)$：プロセスモデル，SV：目標値，DV：外乱，PV：制御量である。また，モデルがプロセスと一致する場合には $P = P_M$ となり

$$MV = Q(SV - DV)$$
$$PV = PQ(SV - DV) + DV \quad (4.18)$$

となる。

このとき，コントローラ $Q = P_M^{-1}$ ならば $PV = SV$ である，ことが容易にわかる．$P \neq P_M^{-1}$ なる条件下でも $Q = P_M^{-1}$ と選ぶと，式(4.17)より

$$PV = P(I + P_M^{-1}P - I)^{-1}P_M^{-1}(SV - DV) + DV$$
$$= (SV - DV) + DV = SV \qquad (4.19)$$

を満たしていることがわかる．式(4.17)はオープンループであり，プロセスとコントローラが安定ならば，閉ループ系も安定であることを示している．また，操作量 MV が飽和したことにより，リセットワインドアップが発生しても制御に影響を与えないことを示している．

4.7.2 IMCの設計

式(4.17)から，制御偏差 $|SV - PV|$ を最小にするようにコントローラ Q を設計できる．一般にプラント特性はむだ時間や不安定零点をもつので，その内部モデルについても逆システム P_M^{-1} をつくれない．この場合には，P_M をむだ時間や不安定零点をもつ部分 P_{M+} とそれ以外の部分 P_{M-} とに分け

$$P_M = P_{M+}P_{M-} \qquad (4.20)$$

と分解する．ただし，$P_{M+}(1) = I$ となるようにする．例えば，$P_M = e^{-Ls}/(1+Ts)$ では $P_{M+} = e^{-Ls}$，$P_M = (1-Ts)/(1+Ts)$ では $P_{M+} = (1-Ts)$ となる．式(4.17)において $Q = P_M^{-1}$ とし，$P_M = P$ ならば

$$PV = P_{M+}(s)(SV - DV) + DV \qquad (4.21)$$

となり，$P_{M+}(1) = I$ から出力の定常ゲインは目標値の定常ゲインと等しくなることはわかる．

式(4.21)の P_{M+} は高周波領域において不安定である．このために，制御性とロバスト性のトレードオフとして

$$Q = P_{M-}^{-1}F \qquad (4.22)$$

とする．フィルタ F は，定常ゲインが0で漸近安定であればよく，一般に一次遅れまたは高次遅れ系を設定する．フィルタの時定数は閉ループのロバスト安定性から計算できるが，一巡伝達関数の最大周波数ゲインを1以下にすれば安定であるというスモールゲイン定理などを用いて，容易に実現できることが

わかる。

4.3 節で述べた閉ループシステムの等価変換を用いて，内部モデル制御も設定値追従特性と外乱抑制特性の両方を備える2自由度系に変換できる。**図 4.12** において，コントローラ Q を設定値追従用フィルタ Q_r とフィードバックフィルタ Q_d に分けると，式(4.1)は以下のように変形される。

$$E = (1 - P_M Q_d)(I + Q_d(P - P_M))^{-1} DV$$
$$+ [PQ_r(I + Q_d(P - P_M))^{-1} - 1]SV \quad (4.23)$$

4.7.3　IMC の実装[11]

プロセス制御装置に IMC を実装するにあたり，プロセスモデル P_M を

$$P_M = \frac{G_M e^{-Ls}}{1 + Ts} \quad (G_M：プロセスゲイン) \quad (4.24)$$

とし，フィルタ F を

$$F = \frac{G_M^{-1}(1 + Ts)}{1 + T_D s} \quad (T_D：参照軌道時定数) \quad (4.25)$$

とする(**図 4.12**)。実際に IMC を使うためには，以下のような付加的な機能が必要である。

1) チューニング　参照軌道時定数 T_D を実際のモデルの時定数より大きく設定すれば，コントローラの応答は緩やかになり，ロバスト性は向上する。逆に T_D を小さく設定すれば，コントローラの応答は速くなるがロバスト性は低下する。

2) モデル入力　ほかの制御機能との融合を考慮して，モデル入力を操作出力信号 MV のほかに，カスケードループ構成時に(IMC は 1 次ループ)，2 次ループ側の出力や測定値，合成した計算値を選択することにより，制御パフォーマンスやロバスト性を改善できる。

3) 可変モデル構造　プロセス特性の時間変動に対応するため，モデルゲインやモデル時定数のほかに，モデルむだ時間を連続的に変更することができる。出力信号処理部分には，補償入力処理を用意することにより，フィード

フォワード補償回路を組み込むことができる。プラントの運転状態に応じて外部の監視機能からコントローラの初期化処理を行ったり，分析計などのサンプル入力とのタイミングに合わせて，制御演算の同期処理を行うことができる。IMC の製品事例を参考文献 11) に示すが，現在は MATLAB†のツールボッ

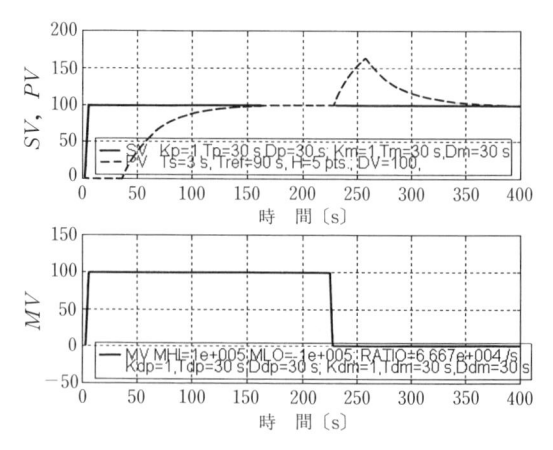

(a) むだ時間＋一次遅れ系に対する IMC の応答
　　（モデル＝プロセス）

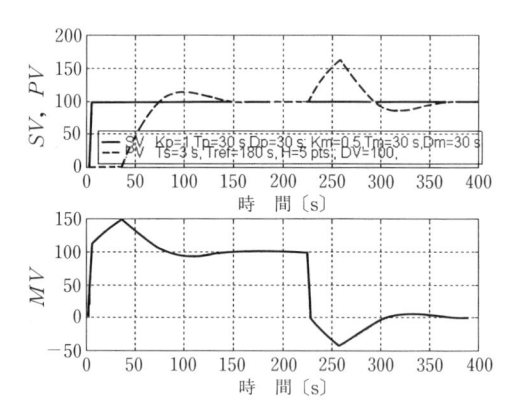

(b) むだ時間＋一次遅れ系に対する IMC の応答
　　（モデル≠プロセス）

図 **4.13**　IMC シミュレーションの応答例

---

† The MathWorks, Inc. の数値計算ソフトウェア。MATLAB は The MathWorks, Inc. の登録商標。

クスとしても利用可能である。

4.7.4 シミュレーション

図 **4.13** に，IMC の設定値変更に対するシミュレーション結果を示す。図 (*a*) は設定値変更および外乱変動に対する応答を，図 (*b*) はモデル不一致時の応答を示す。プロセスモデルは $e^{-30S}/(1+30S)$ とし，図 (*a*) ではモデルはプロセスと同じに，参照軌道時定数 T_{ref} を 90 秒に，図 (*b*) ではモデルのゲインを 0.5 倍に，参照軌道の時定数を 180 秒に設定した。シミュレーションでは，5 ステップまでの予測演算を行うため，設定値フィルタが 5 次の一次遅れ系を構成しており，モデル不一致時に高い制御性を示す。不測定外乱に対する応答は，1 自由度コントローラであるので，設定値変更と同様な動きとなる。

4.8 多変数モデル予測制御

図 **4.14** にモデル予測制御の基本原理を示す。多変数モデル予測制御は，原理的には前述の IMC と同じである。制御する制御量の分散を最小にし，その制御量を装置の運転境界条件近くで運転することにより，経済的メリットを生み出す。図では制御量の分散を α_1 から α_2 に少なくすることにより，設定値を Q_1 から Q_2 にシフトし境界条件 Q_{sp} に近づけることができ，その差がプロフィットとなる。モデル予測制御は実プラントの運転技術からスタートした制御方式であり，コンピュータの普及と相まって，広く素材産業の運転制御方式として普及している。

4.8.1 構成要素

ここではその基本的な構成要素について説明する。

〔**1**〕**操作変数**　　操作変数は，制御変数をその設定値に維持したり，プロセスを最適な運転状態に維持するために，コントローラが操作する変数である。操作変数の制御変数への影響を予測することにより，制御変数を設定値範

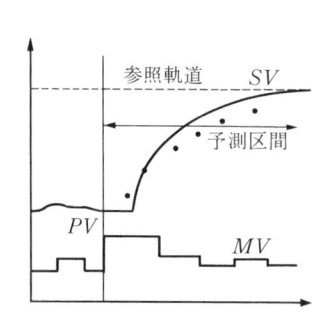

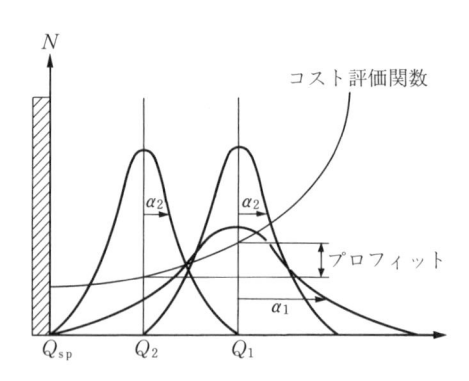

チューニング要素
・参照軌道　⇒　過渡応答
・予測区間　⇒　ロバスト性
・MV挙動形　⇒　制御精度

図 4.14　モデル予測制御の基本原理

囲から外れることを抑制できる．蒸留塔制御では，リフラックス流量の設定値やバルブ開度の値を割り付ける．

〔2〕**外乱変数**　外乱変数は，制御変数に影響を与える測定可能な変数であるが，コントローラが直接操作できない変数である．外乱変数の制御変数への影響を予測することにより，制御変数を設定値範囲から外れることを抑制できる．蒸留塔制御ではフィード量の流量や温度，組成の値がこれに該当する．

〔3〕**制御変数**　制御変数は，制御操作の結果，プロセスの応答として測定可能な変数である．制御変数はその制御上の用途により3通りに分類される．

1番目はプロセスの現在の状態を示す中間変数である．蒸留塔制御では，塔の温度がこれに当たる．2番目は，与えられた設定値にまたは範囲に維持する必要のある制御変数である．塔頂の組成や塔底の組成がこれに相当する．3番目は，エネルギーの消費量や生産量のように最大化・最小化の対象となる変数や，装置の安全性・安定性の観点から許容される動作範囲が限定されている変数に相当する．これらは操作変数やそのほかの制御変数の関数（多くは線形な関数）として記述される．

〔4〕 **予 測 区 間**　予測区間は，予測演算を適用する予測の範囲である。プロセスモデルに記載される入力から出力までの応答時間と，希望する制御応答特性から決定する。予測区間の設定を単純化することにより，制御演算回数を削減できる。

〔5〕 **ダイナミックモデル**　ダイナミックモデルは，制御変数に影響を与

┌─ **コーヒーブレイク** ─┐

― モデリングとシミュレーション（その1）―

　プロセス制御の仕事をしていると，つぎの課題に誰でも一度は遭遇するのではないだろうか。一つは基本となるPID制御系のチューニング方法であり，もう一つは検証のためのプロセスシミュレーションの方法である。

　PID制御はプロセス制御の永遠の課題であり，現在でも装置産業におけるプロセス制御方式の90％はPID制御である。そのチューニングをどのように行い最適値を維持するかが，その上に構築された高度制御，最適制御，生産計画の性能を決めているといっても過言ではない。また，そのチューニング方法は，古くは1940年のZiegler-Nicholsのチューニング方法であり，最近でも新しいチューニング方法が学会にて発表されている。PIDのチューニング方法としては以下のような方法が一般的である。原理的には，閉ループの応答から最適値を決定するもの，一度プロセスモデルを求めてから最適値を決定するもの，試行錯誤的なものなどがある。また昨今では，種々のチューニングツールがメーカーから提供されている。

・限界感度法（ジーグラ・ニコルス法）
・ステップ応答法
・CHR法
・髙橋安人による方法
・試行錯誤法
・部分モデルマッチング法
・IMCチューニング法
・セルフチューニングコントローラ

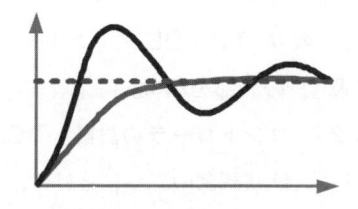

　いずれも表記方法は異なるが，なんらかの方法でプロセスのモデリングを行っている点は共通している。どの方法を採用するかは適用環境に依存するが，一度は原理を理解し，PID制御とそのチューニング方法を勉強することを推奨する。詳細については文献を参照されたい（つづく）。

えるほかの変数との間の動特性を定義するモデルである。操作変数→制御変数間，外乱変数→制御変数間，非測定変数→制御変数間に分類される。コントローラは前者の二つの時系列データを用いて，リアルタイムで予測計算を行い，最適な操作変数を決定する。操作変数や外乱変数では予測できない制御変数の動きが非測定変数モデルとなる。実際には白色雑音のような統計モデルや，制御応答よりも速い中間変数の影響度がこれに当たる。これらは制御変数の挙動を事前に予測する手段として使用される。

制御目標：制御変数の設定値や設定幅として指定する。多変数制御では，操作変数の数と制御変数の数の差を利用して多彩な制御方式が実現できる。制御変数のほうが操作変数（外乱変数も含めて）より多い場合には，複数の制御変数の荷重平均が実際の制御目標となる。一方，操作変数の数が多い場合には，その差の自由度を利用して最適化制御や拘束条件制御を実現できる。これらは，制御変数や操作変数の一部が操作できない場合でも（意図的な場合も含めて），制御継続が可能なことを示している。

4.8.2　CDUプラント制御のシミュレーション

多変数予測制御を理解するために，ここではダイナミックシミュレータ[14]を用いたシミュレーション結果を紹介する。制御対象プラントは原油精製プロセスCDUとした。石油精製プロセスについては7.2節を参照。

〔**1**〕　**CDUバーチャルプラント**　　図**4.15**にCDUプラントの制御構成図を，表**4.3**にCDUプラントの仕様を，図**4.16**にCDUプラント計装図（P＆I）の一部を示す。

〔**2**〕　**コントローラの設計**　　CDUプラントでは，加熱炉の制御とメインタワーの性状制御の二つに分けて，多変数制御系を設計した。

1）　**加熱炉の制御（原油出口温度制御，排ガス酸素濃度制御）**　　加熱炉の制御では，炉出口温度の変動が後工程の蒸留塔の温度バランスに影響を与え，製品スペックを乱す。原油受入れ量を変更した際に，加熱炉出口の原油温度変動を最小に抑制することを制御目標とする。また，燃焼用空気を炉内に必要最

4.8 多変数モデル予測制御   87

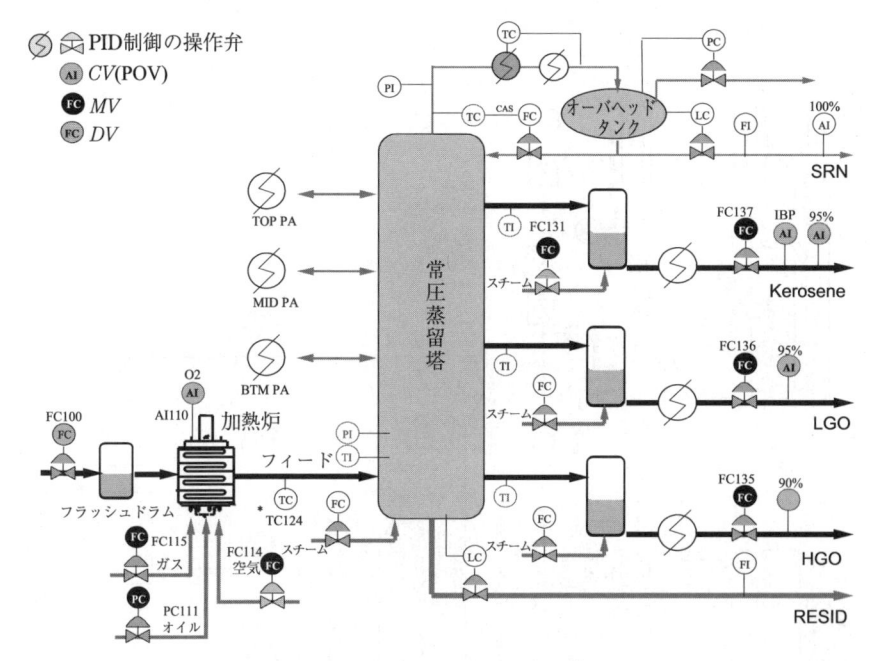

図 4.15 CDU プラントの制御構成図

表 4.3 製品とスペック

製品名称	製品スペック
石油ガス（LPG） 粗製ナフサ（SRN） 灯油（Kerosene） ライトガスオイル（LGO） ヘビーガスオイル（HGO） 常圧残さ油（RES）	$EP=154\,°C$ $IBP=137\,°C$, $ASTM95\%=236\,°C$ $ASTM95\%=333\,°C$
原油名称 軽質原油（Light Crude）	$40API°$
生産能力	最大 650 kl/h（98 000 BPSD）の Light Crude 処理

小限送り込み，排ガス中の酸素濃度を一定に保って省エネルギー運転も併せて実現する．

表 4.4 にその入出力変数を示す．

2) メインタワーの性状制御（メインタワーの製品（Kerosene, LGO,

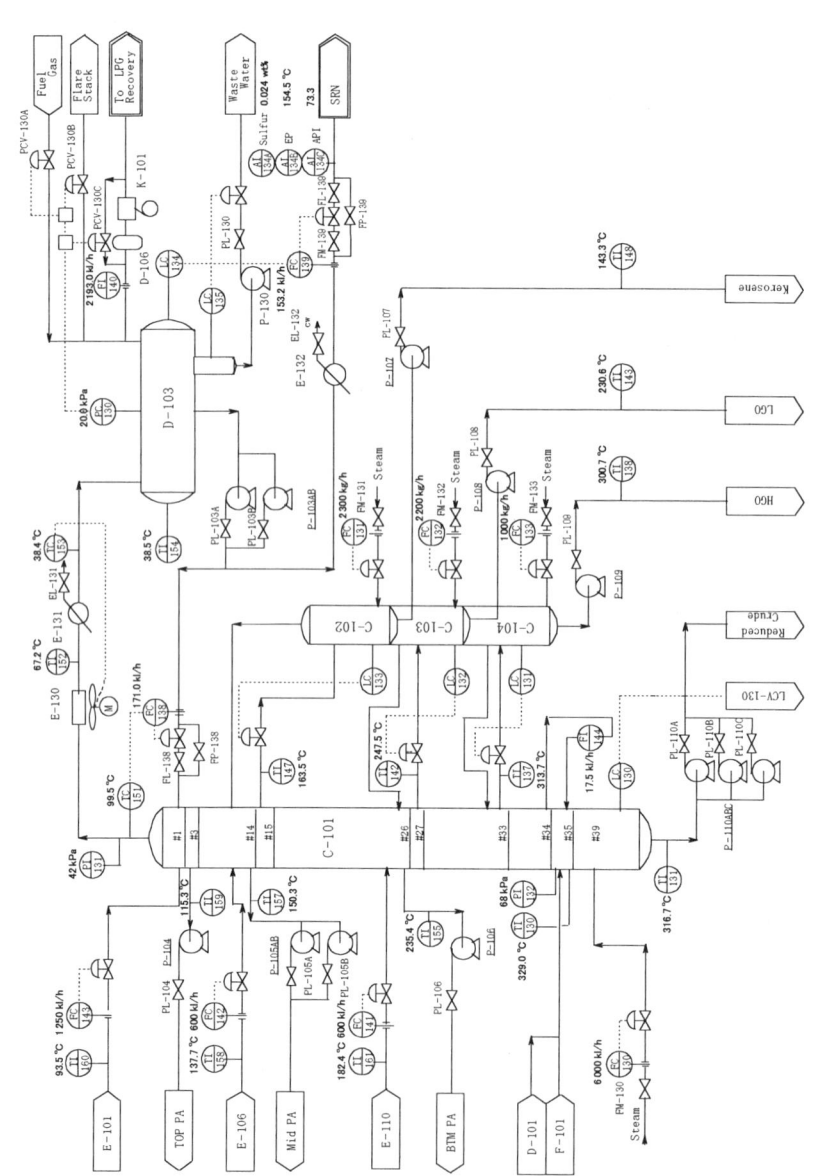

図 4.16 CDU プラント計装図の一例

表4.4 加熱炉制御変数

	変数	記述
制御変数（CV）	炉出口の原油温度（TC 124） 排ガス中の酸素濃度（AI 110）	設定値 333 °C 設定値 3.0～3.5 %
操作変数（MV）	燃料ガスの流量（FC 115） 燃料オイルの圧力（PC 111） 空気流量（FC 114）	炉出口温度の制御 炉出口温度の制御 酸素濃度の制御
外乱変数（DV）	原油受入れ流量（FC 100）	

HGO）の製品性状制御）　製品生産量の変動（ロードダウン）時の品質制御を実現するために，原油受入れ流量を外乱変数（DV）として多変数制御に取り込む．多変数制御は，原油流量の変更が製品品質に及ぼす影響を事前（製品品質に影響が表れる前）に予測して，製品品質に影響が表れる前に各プロダクトの抜出し量を操作し，効果的に製品品質を制御する．なお，ここではSRNのEPを左右する**塔頂還流**（reflux）流量，塔頂温度の制御はこの制御には取り込まずPIDコントローラで制御している．よって塔頂温度（TC 151）を一定とし，SRNのEPは制御されない．

表4.5にその入出力変数を示す．

表4.5 メインタワー性状制御変数

	変数	記述
制御変数 （CV）	KeroseneのIBP	設定値　137.0～143.0 °C
	KeroseneのEP LGOのEP	設定値　230.0～236.0 °C 設定値　325.0～設定値 333.0 °C
	HGOのEP	394.0～404.0 °C
操作変数 （MV）	Keroseneの抜出し量（FC 137）	Kerosene，LGO，HGOのEPを制御
	LGOの抜出し量（FC 136） HGOの抜出し量（FC 135） Keroseneのストリッピングスティーム量（FC 131）	LGO，HGOのEPを制御 HGOのEPを制御 KeroseneのIBPを制御
外乱変数 （DV）	原油受入れ流量（FC 100）	

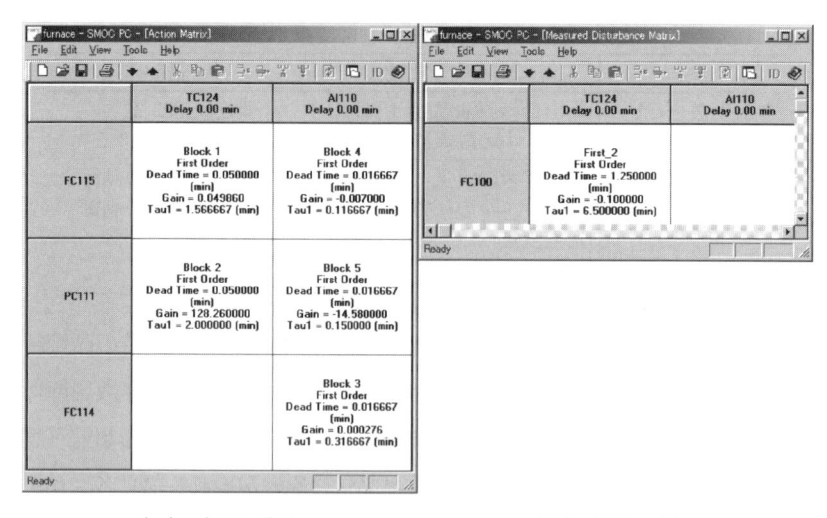

90　　4. 制　御 － PID制御からAPCまで －

(a) 主モデル　　　　　　　　　　(b) 外乱モデル

図 4.17　加熱炉制御モデル

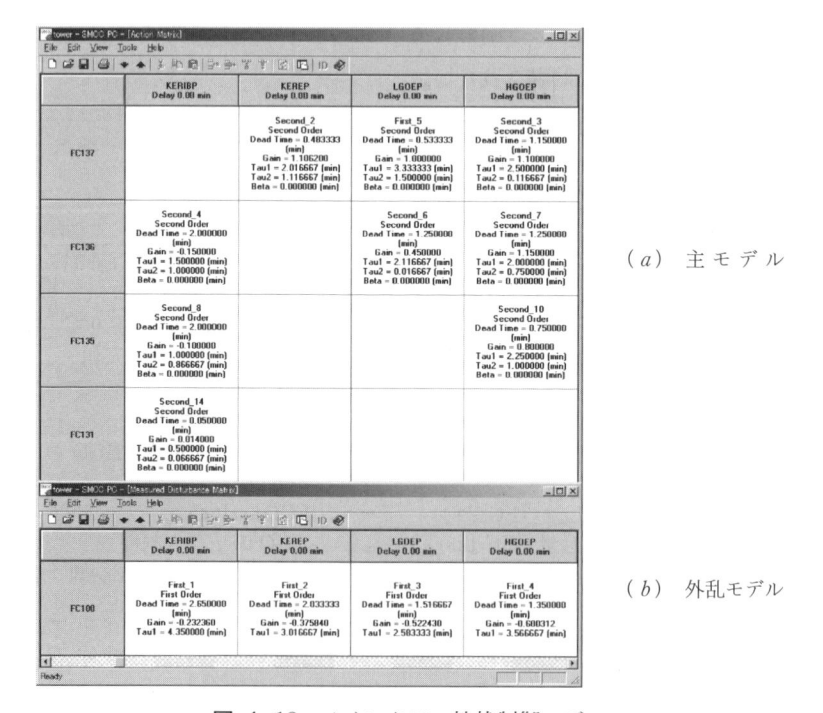

(a) 主モデル

(b) 外乱モデル

図 4.18　メインタワー性状制御モデル

4.8 多変数モデル予測制御　　91

〔3〕 **制御モデル**　図**4.17**には**加熱炉制御モデル**を，図**4.18**にはメインタワーの**性状制御モデル**を示す．モデルはむだ時間＋一次遅れ系で記述してある．むだ時間 D と時定数 T の単位は秒であるが，シュレータを4倍速で動作させるために1/4倍に設定した．

〔4〕 **モデリング**　各操作変数（MV）と外乱変数（DV）に対してステップ応答テストを行い，MV，DVから制御変数 CV への伝達関数を求める．図 **4.19** に HGO の抜出し量と HGO.EP 間のモデリングの例を示す．

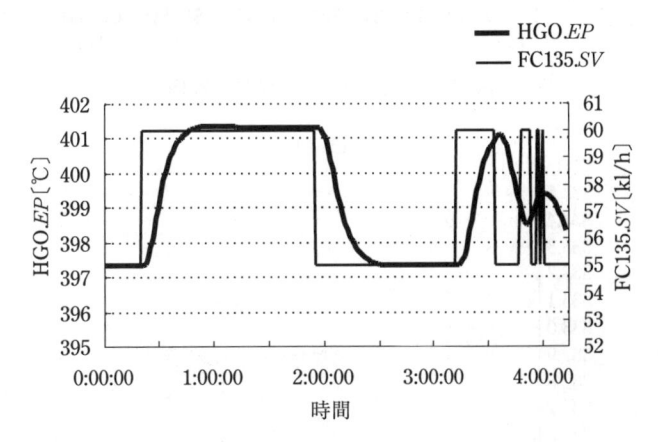

図**4.19**　HGO の抜出し量と HGO.EP の関係

抜出し量をステップ変化させ，制御変数の応答を測定したものである．ステップ入力の周期はプロセス出力が定常状態に達する時間の1倍，1/2倍，1/4倍の保持時間を組み合わせて応答テストを行った．テスト結果からモデリングツールを用いて伝達関数を求めた．

〔5〕 **制　御　結　果**　シミュレーションでは，原油油脂切換を想定して，原油流量を100％→70％のロードダウン時でその制御性を確認した（図 **4.20**）．原油流量の変化は，外乱変数 DV として予測制御内に取り込まれる．15 min から 555 min までランプ状に流量設定値を減少させ，9時間で30％のロードダウンを行った．

図 **4.21** に加熱炉出口の原油温度を示す．出口温度は加熱炉制御用コント

FC100.*SVM*

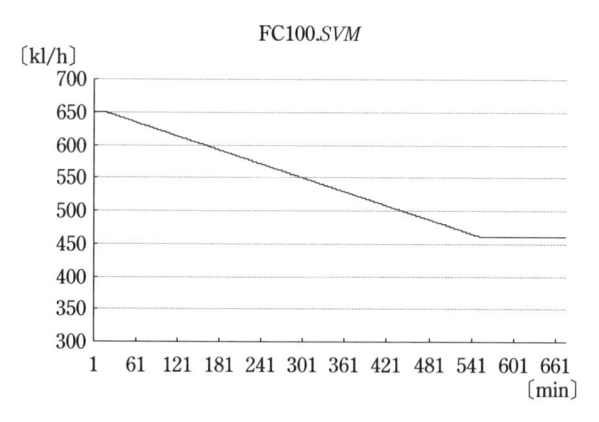

図 **4.20** 原油受入れ流量設定値

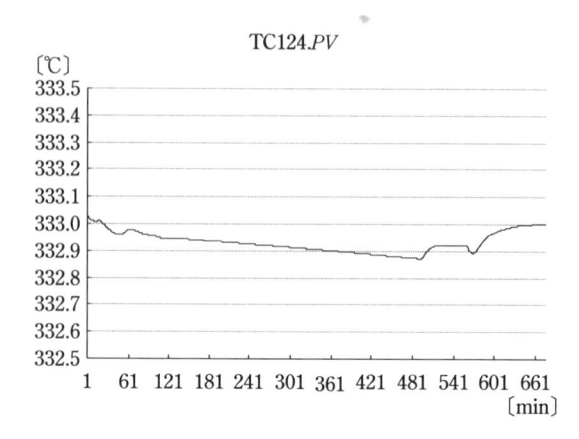

TC124.*PV*

図 **4.21** 加熱炉出口の原油温度

ローラで，333.0 ℃に定値制御されることがわかる。

図 **4.22** に，メインタワーの Kerosene の *IBP* を示す。原油のフィード量の変化は原油温度に大きな影響を及ぼすが，加熱炉コントローラにより一定に制御されている。

制御目標：137.0 ℃＜KERO.*IBP*＜143.0 ℃の制約条件範囲に制御されている。30 min 過ぎの上昇は，KERO のストリッピングスチーム流量（FC 131）が一定の状態で原油フィード量が減少したためである。70 min からスチーム量が減少し，制約範囲内に制御されている。これは原油流量を *DV* として取

4.8 多変数モデル予測制御

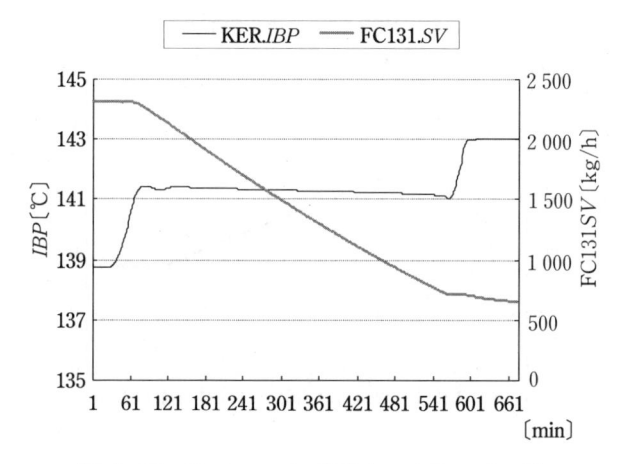

図 *4.22* Kerosene の *IBP* とストリッピング
スチーム量 FC 131

り込んでいるため，フィードフォワード的にスチーム量が制御された結果である．560 min からの *IBP* の上昇は，*DV*（原油流量）の変化が0となり，スチーム量の制御がフィードバック的な制御になったためである．

CV は制御目標をレンジで指定しているため，*DV* が加わってもレンジ内に収束可能と予測している間は操作量（*MV*）を操作しない．*MV* を操作しないと *CV* がレンジ内に収束できないと予測した場合に，*MV* が操作される．この KER.*IBP* を例にとれば，*IBP* が140 °Cに到達した70 min から *MV* である FC 137 が操作されている．以下，*EP* 制御についても同様である．

Kerosene の *EP* は制御目標：230.0 °C＜KERO.*EP*＜236.0 °Cの範囲に制御されている（図 *4.23*）．30 min 過ぎの上昇は，Kerosene の抜出し流量（FC 137）が一定の状態で原油フィード量が減少したためである．60 min から抜出し量が減少し，制約範囲内に制御されている．560 min からの *EP* の上昇は，*DV*（原油流量）の変化が0となり，抜出し量の制御がそれまでのフィードフォワード的な制御からフィードバック的な制御になったためである．ほかのプロダクトの *EP* の制御結果に比べ変動幅が大きいのは，塔頂還流の影響による．

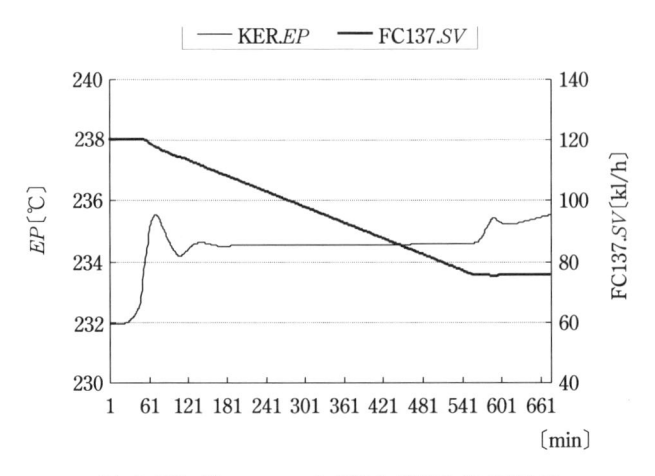

図 4.23 Kerosene の EP と抜出し量 FC 137

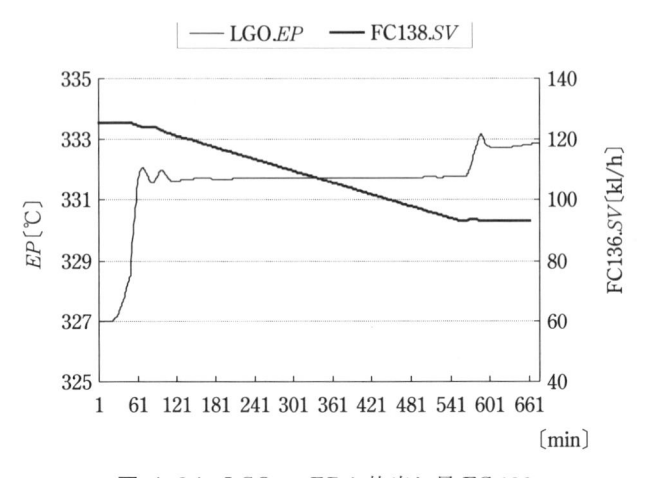

図 4.24 LGO の EP と抜出し量 FC 136

LGO の EP は制約条件範囲 325.0 ℃＜LGO.EP＜333.0 ℃に制御されている（**図 4.24**）。30 min 過ぎの上昇は，LGO の抜出し流量（FC 136）が一定の状態で原油フィード量が減少したためである。60 min から抜出し量が減少し，制約範囲内に制御されている。560 min からの EP の上昇は，DV（原油流量）の変化が 0 となったことによる。

HGO の EP は，制約条件範囲 394.0 ℃＜HGO.EP＜404.0 ℃に制御されて

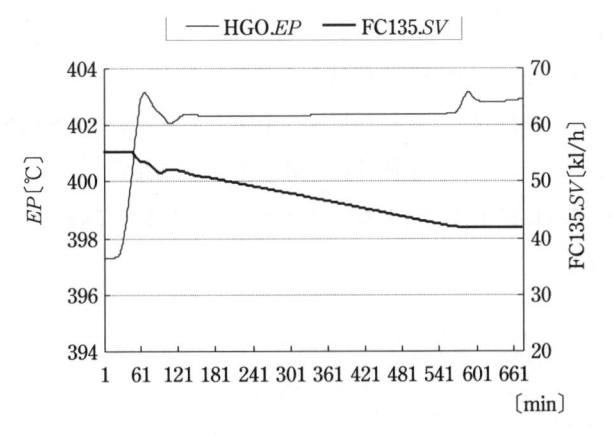

図 **4.25** HGO の *EP* と抜出し量 FC 135

いる（**図4.25**）。30 min 過ぎの上昇は，HGO の抜出し流量（FC 135）が一定の状態で原油フィード量が減少したためである。50 min から抜出し量が減少し，制約範囲内に制御されている。560 min からの *EP* の上昇は，他の制御と同様に *DV*（原油流量）の変化が 0 となったことによる。

使用したダイナミックシミュレータは化学工学的な厳密モデルに基づいているので，上述した応答以外にもいろいろな運転モードを再現して制御性を確認できる。例えば，成分比の異なる原油切換時の応答や，常圧蒸留塔の塔頂圧力変動時の抜出し成分への影響などをシミュレーションできる。

4.9 ま と め

制御機器と制御方式についてその概要を紹介した。計測自動制御学会では，制御技術の普及と発展のために，制御技術の利用状況の動向調査を定期的に行っている。

参考文献 12），13）にはどのような制御方式がどのようなプロセスに使用され，どのような効果を挙げているかを統計的に調査し報告してある。紙面の都合上，制御方式を設計するための支援機能については割愛した。21 世紀の制

御技術には，
1) IT，ネットワーク技術を駆使した新しいプラットフォームへの対応
2) ビジュアル＆バーチャルなヒューマンインタフェースと支援システム
3) シミュレーション，予測計算，最適化手法の活用
4) トータルビジネスシステムのコンポーネントとしての制御機能

が期待されている。

5 運転
－プロセス運転とヒューマンインタフェース－

5.1 はじめに

　本章では，プロセス制御における**ヒューマンインタフェース（HIF）**について，産業の現場での歴史，現状と課題，将来の方向について，実例を中心に紹介する。計測と制御の視点では，計測技術や制御理論に目が行きがちであるが，運用にあたっては，プラント運転を行う自動制御システムとともに意思決定やシステムの指示を行い，総合的な閉ループを構成する「オペレータ（人間）」が非常に重要になってくる。

　本章では，プラント（プロセス）の運転を行う人間（オペレータと呼ぶ）とシステム／プラントとのインタフェース，ヒューマンインタフェースについての説明を行う。以下の内容をカバーする。

（1）プロセスとプロセス運転
　　　　　連続プロセスとバッチプロセス
　　　　　プロセス運転の特徴
（2）プロセス制御におけるヒューマンインタフェースの発展
　　　　　アナログ操作パネル
　　　　　分散形制御システム
（3）標準的運転監視
　　　　　機器と画面構成
　　　　　正常運転状態～過渡状態
　　　　　アラーム状態

(4) 次世代システムとヒューマンインタフェース
　　　　制御システムの進化とヒューマンインタフェースへの要求の変化
　　　　統合化システム
　　　　人とシステムのかかわり合い
(5) 新しいヒューマンインタフェースのコンセプト
　　　　ワークグループ管理
　　　　ワークスペース管理
　　　　コンセプト例

5.2　プロセスとプロセス運転

プロセスの運転・制御と一口にいうが，それはどのようなものだろうか。もっと詳しい話は7章で，石油精製プロセスにおける応用および鉄鋼プロセス制御の解説で出てくるが，ここではヒューマンインタフェースの理解に必要な整理をしてみよう。

　プロセス制御では一般に連続プロセス（原料から製品までの製造工程が，連続的な化学的・物理的な変化によって形成されるプロセス）とバッチプロセス（原料から製品までの製造工程が，各種の設定データや手順により非連続的な処理によって形成されるプロセス）に分類されている。

　例えば，製鉄所の高炉（鉄鉱石から銑鉄を製造する装置）は連続プロセスの代表であるが，煉瓦（れんが）でつくられた高炉自体は，10年以上止まることなく1日24時間，1年365日操業を続ける。したがって，計測制御システムとそのHIFは，この長期連続操業を前提としたものでなければならない。操業停止は，（下流工程の鉄製品の製造，それを使った産業にインパクトがあるのはもちろんであるが）溶けた銑鉄を高炉の中で固まらせて装置自体を使えなくしてしまう。一般に設備にかかわる投資や原料費用は，計測制御システムの費用（計装投資ともいい，設備全体の投資の数％以下である）や運転人件費などよ

りはるかに大きいので，計測制御システムの故障や運転員の誤操作による操業の停止は経済的にも許されないことが多い（もちろん人の安全，環境の安全は装置などよりはるかに優先度が高い）。制御は，おもに温度，圧力，流量，レベルなどの環境変数を中心に行われる。一般に多変数干渉系であり，複雑な化学変化，物理変化を伴っていることが多く，モデリングが難しいことが多い。

連続プロセスには，このほかに石油精製産業のガソリンなどの製造設備（蒸留プロセス），石油化学のポリマー製造プロセス（連続反応プロセス），ガラスの製造プロセス（フロートガラス製造プロセス），紙パルププラントの原料生成プロセス，各種工場のエネルギーを供給するユーティリティプラント（ボイラ，発電，ガス発生プロセス）などが存在する。筆者自身が経験した連続プロセスは，石油および化学プロセスであるが，この代表的なプロセスである蒸留プロセス（沸点の違いにより複数の成分を分離する）においても上記の操業上の要求は変わらない。

バッチプロセスの代表は，化学，ファインケミカル工業における樹脂，薬品原料，洗剤や化粧品などの製造プロセスである。例えば，樹脂製造プロセスでは，反応槽と呼ばれる装置に，各種の原料，触媒や反応調節剤を一定の比率，順序で投入し，蒸気などの熱源を利用し化学反応を起こさせて樹脂を製造する。樹脂の性状は，反応の温度，温度パターンと反応時間で間接的に制御することが多く，この条件を整えるために多くの監視，制御データ（絶対値と時間関数値）をもつ。一般に，多品種少量生産であるので，品種の切換や品種ごとの異なった操作を必要とし，複雑な運転操作が必要である。また，高圧下で発熱反応を制御するケースでは，反応の暴走はきわめて危険であり，大きな事故につながる。

プロセス運転の視点から見ると，一般にプロセス運転の特徴として図 **5.1** に示すような項目が挙げられる。

（1）大形・大規模な計測・操作点の運転監視が必要である。
（2）大きな設備投資と長い運転寿命を前提とした 24 時間運転が必要である。

図 5.1　プロセス制御のスケール

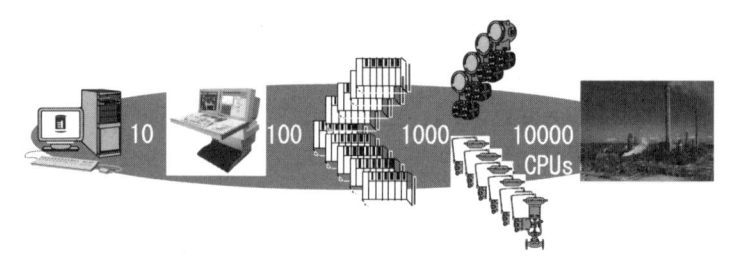

・大形・大規模なプロセスの運転
・数年間〜十数年間無停止，大きな設備投資
・複雑な化学変化・物理変化，環境変数・代替変数の制御
・高いエネルギー消費
・高い公共性，安全操業の責任

(3) 複雑な化学的・物理的なプロセスで環境変数による代替値制御が中心であり，運転員の知識・意志決定に依存する部分が多い。

(4) （特に連続プロセスでは）エネルギー消費が大であり，効率化運転による省エネルギー効果は大きい。

(5) 高い公共性をもち，制御システムの運転では絶対的安全操業を維持する責任がある。

表 5.1　オペレータの運転範囲 — オペレータ一人当りの最大ポイント数例 —

ポイントタイプ	連続
A. 制御ループ（バルブ出力）	300
B. 監視ポイント	
◆（アナログ入力 4〜20 mA など）	500
◆（低レベル mV）	110
◆（カウント，タイマ，BCD など）	220
C. 温度入力（TC, RTD）	800
D. 現場接点からの警報入力	600
E. オン・オフコントロール信号（オン・オフ弁，ポンプ，モータ）	400 D/O
	600 D/I
F. ラボ入力	100
G. 計算値（加工値）	500
H. ステータス信号（オン・オフ）	80 D/I
I. アナログ出力	15
合　計	4 225

具体的な例でスケールを示そう．
- プロセス：石油精製プロセス（工場規模）
- プロセスの規模：計測点，監視点＝10 000 点．操作点＝2 000 点
- 運転員の数（例）：5 人
- 社会的影響度：地域のガソリン，灯油の 60 ％を供給

また，参考として，表 *5.1* にオペレータの運転範囲を示す．

5.3 プロセス制御におけるヒューマンインタフェースの発展

5.3.1 アナログ操作パネル（大形計器→小形計器，空気式→電子式）

プロセス制御のヒューマンインタフェースがシステムとして明確に認識され出したのは，1960 年代のいわゆる小形パネル計器が登場してからといわれている（それ以前は，プラント現場での手動操作や 1 ループを扱うのに 40 cm 角も必要な大形計器での運転が主体だった）．小形計器により，プロセスの計測信号を空気信号や電気信号で離れたところにある計器室に集中的に集約する方法が取り入れられ始めた．

図 *5.2* に示すようなアナログ操作パネルは，いくつかの重要な HIF と運用

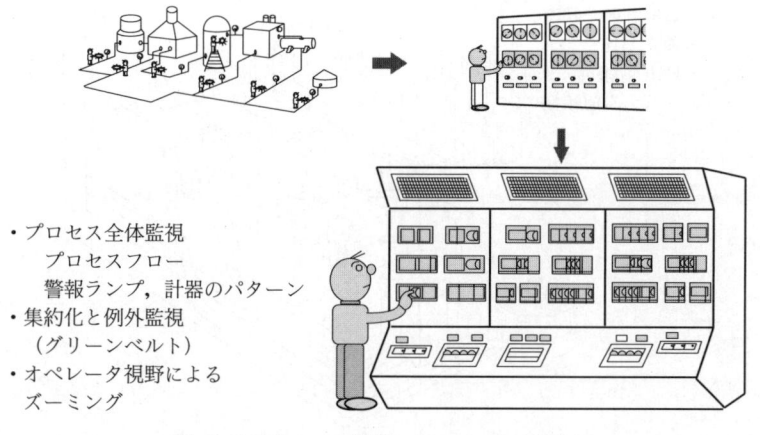

- プロセス全体監視
    プロセスフロー
    警報ランプ，計器のパターン
- 集約化と例外監視
    （グリーンベルト）
- オペレータ視野による
    ズーミング

図 *5.2* アナログ操作パネルによる運転

の考え方をもたらした。

第一に計器パネルと呼ばれる操作盤にプラントの構成（プロセスフローと呼ぶ）を示すグラフィック（図）を示し，この構成に対応した位置に，指示・記録・調節・操作などの計器，警報を示すアナンシエータを配したことである。これにより，プロセスの工程に対する運転のパターン認識が成り立つ。またオペレータは，計器パネルに近づいたり遠ざかったりすれば，監視範囲を狭めたり広げたりできる。

第二に，計器の小形化により，（物理的に）一人のオペレータが扱えるループ数（プラント規模）が拡大し，効率的な監視・操作が必要になった。その一つが，偏差指示調節計に代表される例外監視の考え方である。この調節計では，緑の針で示される目標値がつねに表示スケールの中央に位置する。計器がずらっと並べば，緑の針が横につながってグリーンベルトに見える。プロセスの計測値は，赤い針で上記の目標値の針の後ろに表示される。もし現在のプロセス計測値が目標値に等しければ，緑の針に隠れて赤は見えない。逆に，外乱や制御不調で偏差が生じた場合は，赤い針が遠くからでも一目でわかるわけである。この考え方は次のコンピュータ応用の制御システム（分散形計装システム，DCS）に受け継がれた。また，オペレータで操作できないような制御変

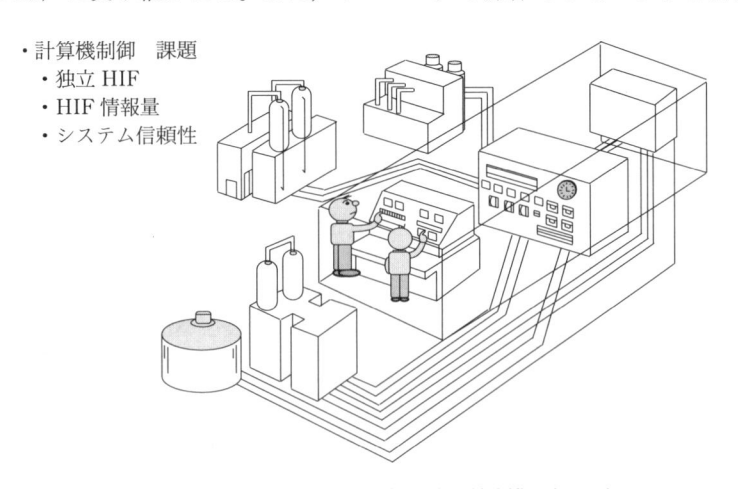

・計算機制御　課題
　・独立 HIF
　・HIF 情報量
　・システム信頼性

図 5.3　アナログパネルと直接計算機制御（DDC）

数については，計算機（いわゆるミニコンピュータの草分け）を利用して支援する直接計算機制御（DDC）などが試みられたが，機能価格比，計算機の信頼性，および貧弱なHIFなどのため一部のプロセスへの適用にとどまった（図5.3）。

この計算機制御と上記の集中監視操作を理想的な解決法として実用的にもたらしたのが，**マイクロプロセッサ**による危険分散，**データハイウェイ**（ネットワーク）による情報統合，**CRT**による集中監視，を三つの柱にした**分散形制御システム**（**DCS**：distributed control system）である。

5.3.2 分散形制御システム

〔**1**〕 **DCSとは** 70年代初頭より，アナログパネル計器の例外管理を発展させたセントラルオペレーションについての研究やプロトタイプ化が進められた。

R. Dallimonti氏のCRTコンソールによるオペレーションの提言は，今日のプロセスオペレーションの基礎になっている。1975年に日米のメーカーから相次いで上記コンセプトをもとにした「分散形制御システム（DCS）」が登場した。

DCSは，コンピュータ制御の機能を独立分散したマイクロプロセッサにより実現し（コントローラ），分散マイクロプロセッサによる自立形オペレータステーション，およびこれらの分散された機能モジュール-データベース間の通信を行うデータハイウェイの考え方を取り入れ，CRTを中心としたセントラルオペレーションを現実のものとした（図5.4）。

セントラルオペレーション（**集中的運転方式**）は，ディジタル制御とCRTの特長を生かしつつも，従来のアナログパネルの運転操作のアナロジーを巧みに取り入れ，オペレータに違和感なく受け入れられた。複数オペレータステーションの相互バックアップ，コントローラ・通信の冗長化など信頼性を高め，計算機制御の課題を解決するとともにCRTコンソールによる単一HIFへの道を進むことになった。

- CRT集中監視操作
  (セントラルオペレーション)
- ネットワーク
  (データハイウェイ)
- 危険分散
  (分散形制御システム)
- 機能部品
  (コンフィギュレーション)

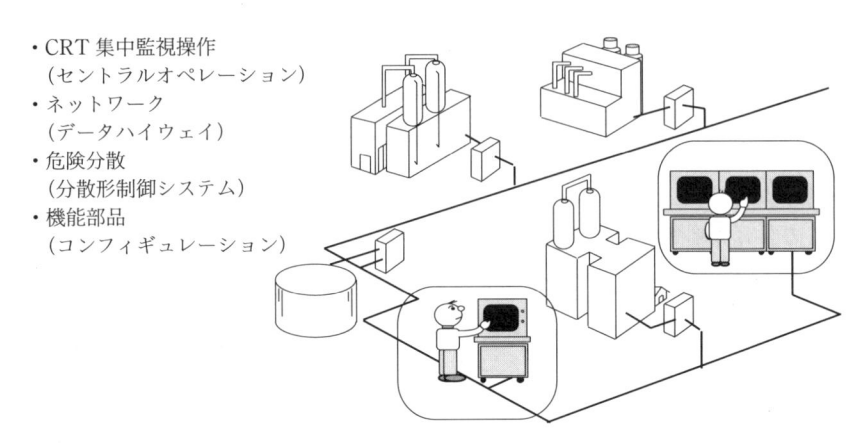

図 5.4 分散形制御システム（DCS）

　日本での適用は1980年ごろからになる。揺監期には，まだアナログパネルでの運転が全盛であり，従来計装では行いにくかった非干渉制御などのアドバンスト制御を適用するために，8〜24ループ程度の小規模なDCSがまず適用された。当時はCRTが高価で，小規模システムではいくつかのLED表示と設定値，現在値を示すLEDディジタル表示がある小形ディジタル操作器と，アナログ表示を模したバックアップ操作器の導入が主体であった。しかし，DCSはまず制御性の改善で導入され，次いでセントラルオペレーションと呼ばれるCRT集中運転方式が着々と採用され，80年〜90年にかけてアナログ機器をほぼ置き換えるまでに至った。

　DCS導入当時の日本の主要プロセス産業でのヒューマンインタフェース調査では，「CRTのみでプラントを運転できる」と回答した事業所はわずか数％であったが，90年代のはじめにはすでにCRT抜きでのプロセス運転は考えられないほどになった。

　現状1人のオペレータは，数百の操作点（ループと呼ぶ）を扱っており，監視点は数千点に及ぶことが多い（これらの画面は，エンジニアが設計することになる。エンジニアリングについては6章を参照）。

　以下，DCSでの運転監視方式を概観してみよう。

〔2〕 DCS での標準的運転監視

1) **機器と画面の構成**　　現在の標準的 DCS の HIF は，複数台で一つの運転コンソールを形成することが多い。各 HIF は，CRT または液晶 (LCD) パネル，プロセス運転用の専用キーボードからなる完全に独立した機能をもち，相互バックアップを行える。同時にコンソールは1人のオペレータの所掌範囲であり，警報の確認状態の共有，画面の呼出し，周辺機器の共有など，分散独立の機器が有機的にまとめられている。

典型的な画面体系は，図 **5.5** のようになっている。

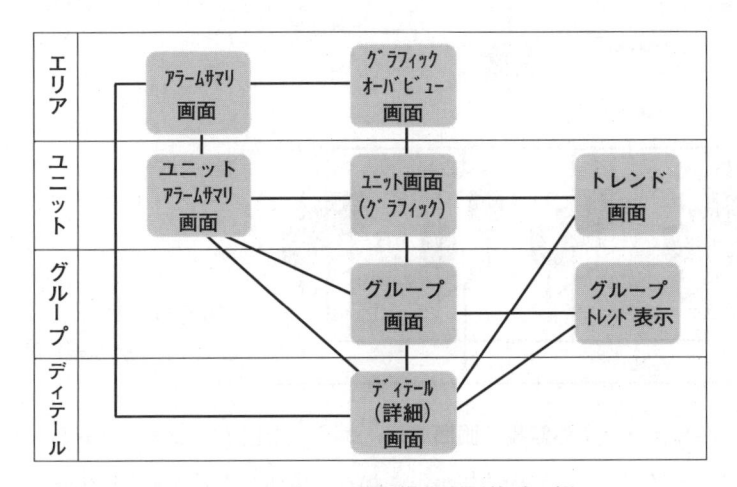

図 **5.5**　DCS での運転操作画面体系の例

プロセス関連の画面は，一般に4階層構造になっている。すなわち
- エ　リ　ア：オペレータ所掌範囲全体の運転状態や運転履歴を要約
- ユ ニ ッ ト：エリア内の個々のプロセス装置（ユニットと呼ぶ）についての運転状態や運転履歴を表示。ユニットは蒸留塔，反応槽，加熱炉などに対応する。
- グ ル ー プ：8～16程度の監視制御点についての状態，履歴や工程実行状態を示す。
- ディテール：個々の監視制御点についての制御パラメータやリミット値な

ど，詳細を示す。

上位階層に行くほど，広範囲で要約された情報が得られ，逆に下位に行くほど特定の詳細情報が得られる。アナログ計器盤を遠方から全体監視するレベルから個々の機器を引き出しての詳細情報確認するまでの監視パラダイムをCRT上で模擬していることになる。エリアディスプレイの例として，**図5.6**にオーバビュー画面を示す。

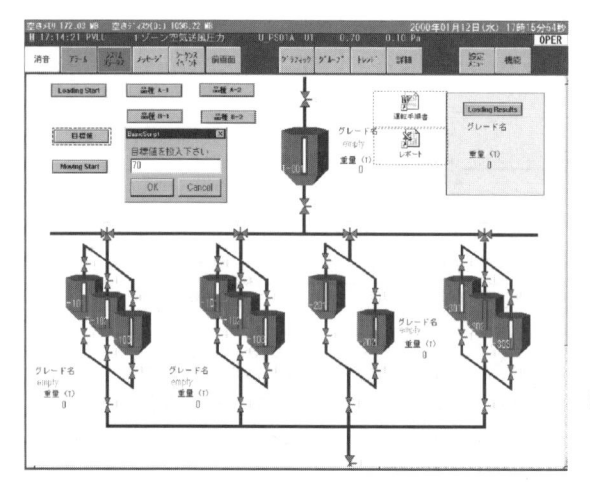

図5.6 オーバビュー（全体監視）画面の例

オーバビュー（全体監視）画面では，エリアを代表するユニットとのその下位のグループについて要約情報が示される。後述するズームナビゲーションの一種である。**図5.7**の**ユニット画面**は，プロセスフローと代表的監視操作点を表示するケースが多い。ユニットの運転条件の設定などはこの画面で行われる。

図5.8の**グループ画面**は，複数監視操作点を表示し，運転モードや個々の監視操作点の設定値を変更操作したりできる。個々の監視操作点は，内部計器またはポイントなどと呼ばれ，システム内の固有名称（タグ名と呼ぶ）で管理される。計器のタイプごとに表示が標準化されており，アナログ入力（温度，圧力，流量などの計測点に対応），アナログ出力（調節弁，ダンパなどの操作点に対応），パルス入力（積算カウンタなどの計測点に対応），ディジタル入力

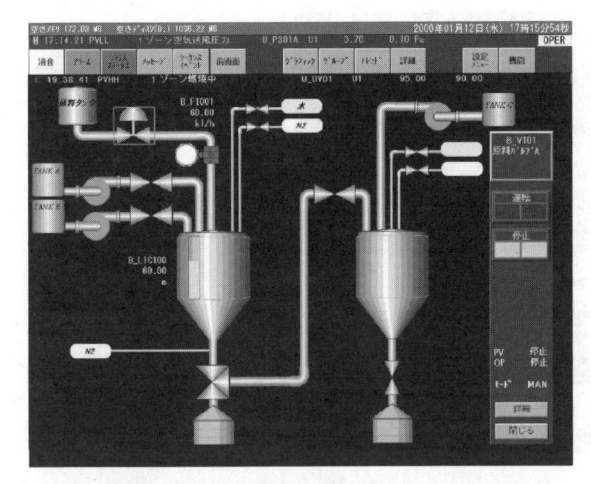

5.3 プロセス制御におけるヒューマンインタフェースの発展

図 5.7 ユニット画面（グラフィック画面）の例

図 5.8 グループ画面の例

（フロースイッチなどのオン・オフ計測に対応），ディジタル出力（電磁弁などのオン・オフ操作に対応）などの計測操作の標準画面，各種 PID，フィードフォワード，演算，スイッチ，ポンプなどの調節機器機能の標準画面，データ設定やシーケンス／ロジック制御機能の標準画面が用意されている。

個々の計器（ポイント）は**図 5.9** の**ディテール画面**にリンクしている。ディテール画面は該当計器のすべてのパラメータや設定値情報を表示する。変数は，安全のためにパスワードやキーロックスイッチで保護されている。

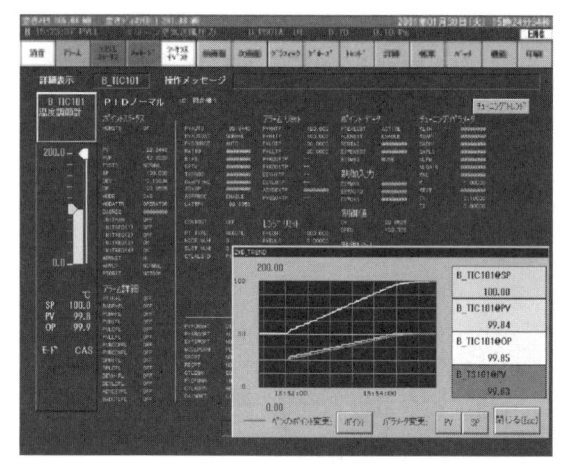

108 5. 運　転 － プロセス運転とヒューマンインタフェース －

図 5.9　ディテール画面の例

この画面群以外にも，アラーム状態を監視する**アラーム画面**，履歴データでの運転傾向を監視する**トレンド画面**，バッチプロセスのスタートアップ・シャットダウンや工程管理を行う**バッチシーケンス画面**などが標準的に用意されている。

2）正常運転状態～過渡状態　　この階層での正常～過渡状態での運転シナリオは，例えば図 5.10 のようになる。

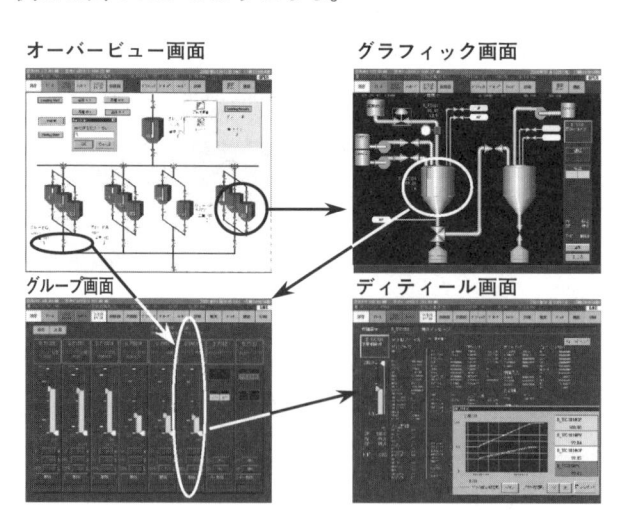

図 5.10　正常運転状態～過渡状態の運転画面操作

5.3 プロセス制御におけるヒューマンインタフェースの発展

（1） オペレータはオーバビュー画面でプラントの特定装置群（エリア）を監視している（巡回点検のようなもの）。

（2） ここで，第1装置の一部の運転がまだ異常状態ではないが乱れつつあるのに気づき（傾向監視のアラームで色が変わり点滅する），第1該当装置のユニット画面を呼び出す（タッチ展開のターゲットになっている）。

（3） ユニット画面で，オペレータは運転バランスやデータ履歴を確認する。画面に埋め込まれた操作ターゲットを使う。ユニット画面で細かな設定調整を行う（通常はここで終了。ここではもう少し詳細レベルまで進むことにしよう）。調整の結果，装置の二つの抜出し流量を同時に微調整しなければならないことがわかった。そこでオペレータは，ターゲットをさわって関連したグループ（操作）画面を呼び出す。

（4） グループ画面での隣り合った二つの抜出し流量の設定を操作する。一方の調節機能が現在の運転条件には十分に調整されてないことがわかり，プラントの監督者と相談し，該当ポイント（計器）のディテール画面を呼び出し，PIDパラメータを調節した。

上記に加えて，オペレータはプロセスの傾向を監視や判断の材料に多く利用している。この画面をトレンド画面と呼ぶが，定常運転時には，プロセスのグラフィック（全体監視）画面とトレンド画面がすべてのCRTに表示されている場合もある。

トレンド画面も階層構成になっており，以下の画面を持つ（図 *5.11*）。

エ　リ　ア：トレンドオーバビュー画面
　　　　　　　（オペレータの責任プロセスの代表的プロセス変数の傾向を表示する）
　　　　　　　グラフィックトレンド画面（一般にプロセスグラフィック図にトレンドを割込み表示する）
ユニット：ユニットトレンド画面

110   5. 運　転 － プロセス運転とヒューマンインタフェース －

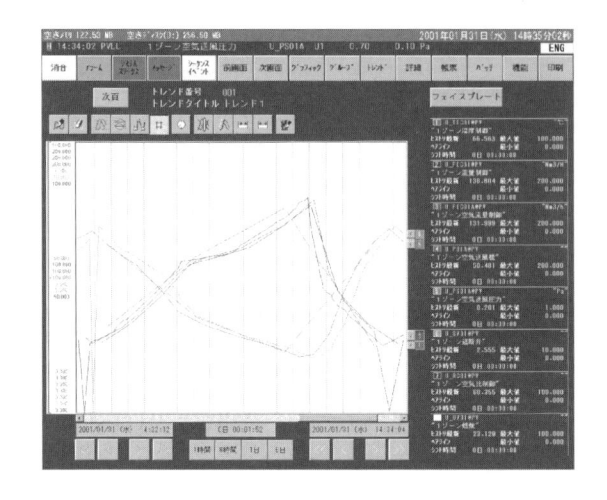

図 5.11 トレンド画面の例

　　　　（装置ユニットの代表的プロセス値のトレンド）
　　　　一般にグラフィックトレンド画面（プロセスグラフィック図にトレンドを割込み表示する）
　グ ル ー プ：トレンドグループ画面
　　　　（8～16 ループ操作点のトレンドを示す）
　ディテール：チューニングトレンド画面
　　　　（個別計装のトレンド。パラメータチューニングを行う）

3）　アラーム状態の運転監視　　安定した運転と安全確保のためにはプロセスの異常を早期に認知し，迅速な対応操作を行うことが必要である。現在も多くの緊急操作は自動化されておらず，人間（オペレータ）の判断と操作に依存している（ただし，最終的に安全を確保するための**緊急停止機能（ESD**，プラントを緊急停止する機能）は全自動化されている場合がほとんどである）。
　四つの階層構造に対応して**図 5.12** のような画面を持つ。
　エ リ ア：アラームサマリ画面（エリア全体の重要なアラームを時系列表示する）（図 5.13）
　ユ ニ ッ ト：ユニットアラームサマリ画面（ユニットでの発生アラームを時系列表示する）

5.3 プロセス制御におけるヒューマンインタフェースの発展

グラフィック画面　　　　　**エリアアラーム画面**

グループ画面　　　　　　**ユニット画面**

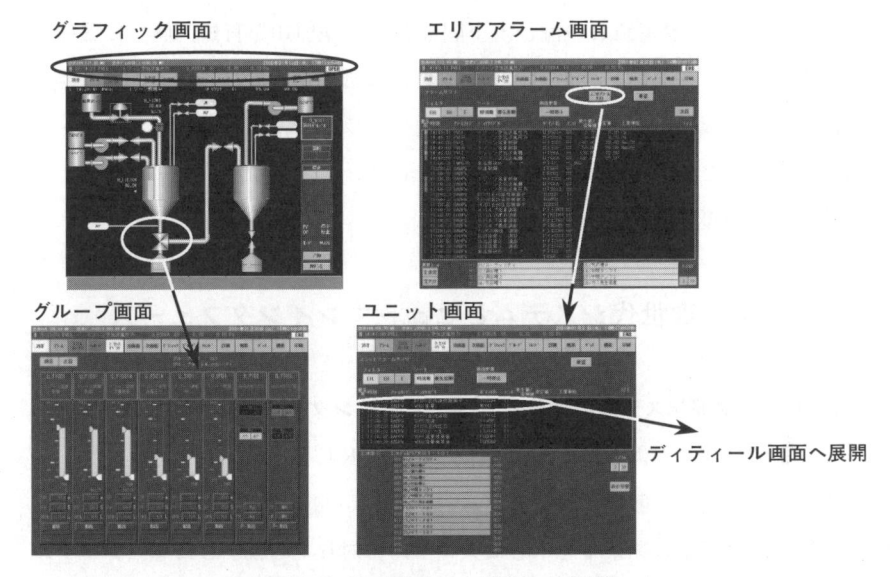

ディティール画面へ展開

図 5.12　アラーム状態の画面例

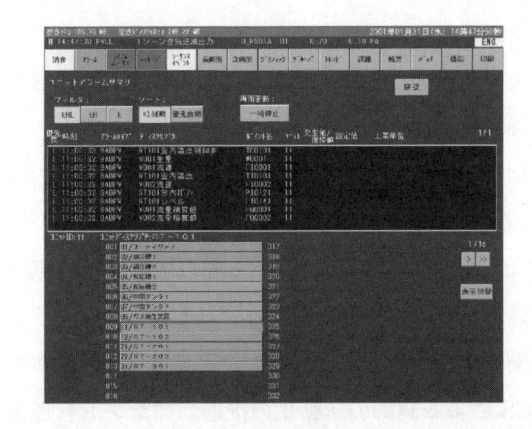

図 5.13　アラームサマリ画面の例

グ ル ー プ：グループ画面（8～16個の計器のアラーム状況を表示する）

ディテール：ディテール画面（個々の計器のアラーム状態とアラームリミット値を表示する）

アラームは個々の計測制御機能（計器または制御点と呼ぶ）ごとにもっている．複数種類，複数レベルのアラームをもっていることが多い．例えば，反応器温度制御ループでは，温度の上下限絶対値，上々下々限絶対値，変化率（正

方向,負方向),設定値との偏差上下限などの警報種類を有し,個々に警報を発生させるリミット値を設定できる。また,複数の重要度を設定できる。例えば,温度の下限は一般アラーム,上限は重要アラーム,上々限は緊急アラームに設定するなどである。重要度は,画面上の色,アイコン(パターン)および音色と表示の優先度をも決定する。

5.4 次世代システムとヒューマンインタフェース

5.4.1 制御システムの進化とヒューマンインタフェースへの要求の変化

ここまでに述べたように,1970年代半ばにCRTをオペレータインタフェースの中心に据える分散形制御システム(DCS)が開発され,80年代半ばには,グラフィックディスプレイを中心にプロセスに対しての**統一した窓(シングルウインドウ)**の考え方が導入された。ここまでのシステムでは,システムのおもなユーザはプロセスオペレータであった。すなわち,ヒューマンインタフェースは,オペレータがプロセスの運転を行うために必要となるアラームの通知や,各種プロセス情報の監視操作を助けるために設置された。しかし現在,プロセス産業を取り巻く環境変化と技術革新の相乗効果により,オペレータの役割が変化してきている(図5.14)。

DCS導入前は,オペレータは,計器室壁面のパネルに埋め込まれた空気式や電子式計器を監視操作していた。オペレータの役割はプロセスの運転を安全に継続することであり,監視操作する変数も温度,圧力,流量といった基本的な変数を中心としていた。DCSによる制御の自動化の推進,プラント管理情報の統合化,そして特にグラフィック画面を中心とした自由な表示と運転の集約化により,オペレータは新たな種類の情報をもとに監視操作を行うようになってきている。監視する変数も,プロセスの基本変数だけではなく,品質,コスト,スケジュールへと広がり,オペレータはプロセスの運転者の役割に加えて図5.15に示すような管理者の役割を多く担うようになってきている。

将来のオペレータ像として,プロセスの監視操作から,品質・コスト・スケ

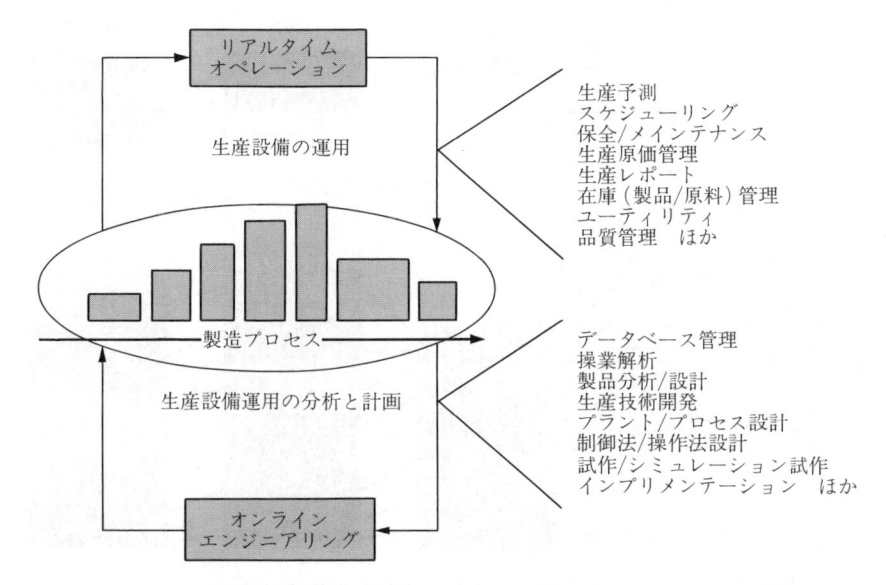

図 5.14 新しいプロセス制御とヒューマンインタフェースへの要求

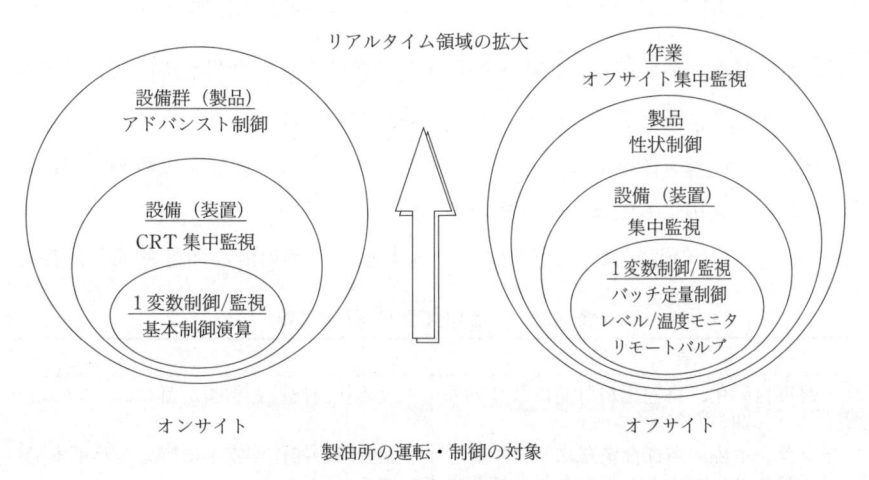

図 5.15 オペレータ管理指標の変化

ジュールを中心とした管理者としての役割への発展が提言されている．このような役割のオペレータを，日本では**図 5.16** のように**プロダクションエンジニア**と呼んでいる場合が多い．プロダクションエンジニアの意志決定支援とし

114   5. 運　転 － プロセス運転とヒューマンインタフェース －

| | 1990 | 1995 | 2000 |

スケジュール／在庫管理
プロセス監視
シミュレーショントレーニング
リアルタイム原価管理
リアルタイム品質管理
プロセス非定常処理
原価／品質異常への対応
プロセス条件の変更
手動（ループ）操作
レポート作成

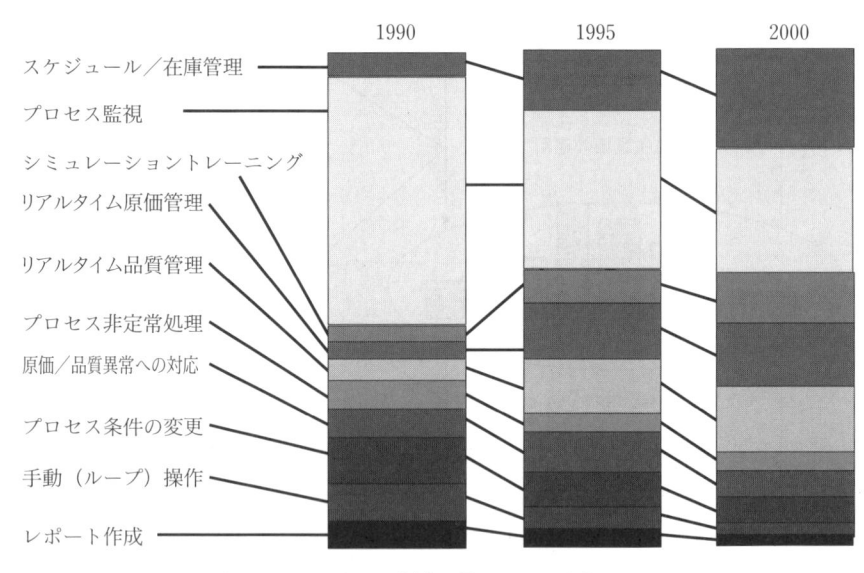

オペレータのタスク割合―Empowered Operator

図 5.16　プロダクションエンジニアへの変化（調査結果）

て，運転形態においては，技術・品質・生産管理などの専門家が協調支援組織であるワークグループを形成し，システムにおいてはグループウェアなどのネットワーク作業支援機能とエキスパートシステムなどの運転支援機能が注目されており，実用化も始まってきている。

CRT ベースの運転は，伝統的なパネル計器では不可能な多種多様な情報の

表 5.2　集約化 CRT 運転の評価

期　　待	不　　安
・高度自動化，集約化が可能になり効率のよい運転が行える	・全体状況把握と判断が難しい
・プラント内の多様な業務にリアルタイム情報を反映できる。また設計情報を運転に活用できる	・緊急時の操作が安全に行えるか不安である
・オペレータに対する運転支援が充実し，安全操業が行える	・運転要員が階層化し，情報共有が難しい
・統合化（水平，垂直，連続～ディスクリート，安全…）により経済的にシステム構築が行える	・システムが複雑化してブラックボックス化してきている

オペレータへの提供を可能とし，上位計算機や履歴データの活用による高度な運転管理のシステムへの組込みと相まって，集約的な運転を支えてきた。しかし逆に，プラントの全体状況の把握や状況の共有化が行いにくい，情報量が増加して必要な情報の呼出し・選択が困難になってきた，アラームが多発して緊急時の操作が不安である，制御システムへの依存度が増加してシステム故障時の対応がとりにくい，などの課題を残している（表 5.2）。

5.4.2　統合化システムにおけるヒューマンインタフェース

また，次世代のプロセス制御システムに対してのニーズ調査によれば，第1位は運転支援システムと DCS の統合化であり，第2～4位も複数プラントの DCS の水平統合，計算機，フィールド機器との垂直統合，緊急遮断システムとの統合，といった DCS とプラント内各機能の融合化が求められていることがわかる。これは要するに，従来別個のシステムとして導入され，相互に無関係なヒューマンインタフェースが計器室に溢れた問題を解決すること，つまり生産に関する全情報のシングルウインドウ化を可能とするヒューマンインタフェースが求められていることを意味している（図 5.17）。

図 5.17　ヒューマンインタフェースの変化

- 従来のアプローチ
  - 個別のシステムと個別の HIF
    - 制御システム
    - 専用サブシステム
    - 管理システム
    - 安全システム
- 統合化 HIF の要求
- オペレータの業務変化への対応要求

5.4.3　将来の人とシステムのかかわり合い

運転についてのオペレータと制御システムの役割分担について，最近の調査

116   5. 運 転 － プロセス運転とヒューマンインタフェース －

によれば，定常運転では大部分のユーザが「システムが主体」または「システムにすべて任せる」という意味で自動運転を認識している。しかし非定常運転では，スタートアップや品種切換などの通常の非定常操作では，約半数のユーザが「オペレータ主体」または「すべてオペレータ操作」と回答している。また，プロセス異常，機器異常に対する緊急操作では，大部分のユーザが「オペレータ主体」と回答しており，非定常操作に多くの課題があり，運転支援の環境整備が求められている。同じ調査での運転支援に対するシーズも，比較的短期で実現可能で効果も高いものとして銘柄や生産量の変更操作支援，スタートアップ・シャットダウン操作支援，および外乱への対応支援とアラーム解析処理を挙げている。実現には時間がかかるが大きな効果が期待できるものとして，機器・装置および制御の異常診断と処理支援が考えられている。

制御システムメーカーも，将来は「制御システム中心」に移行すると考えており，約半数が「制御システムがすべてを実行し，オペレータに報告する」レベルを目標にしている。今後オペレータはより高次の意志決定を行う方向に進

- 運転についてのオペレータと制御システムの役割分担についてのユーザ調査結果（現在）
    - 定常運転では80％の事業所でシステムが主体，またはシステムにすべて任せる
    - 非定常運転では，スタートアップや品種切換などの通常の非定常操作では55％がオペレータ主体，またはすべてオペレータ操作
    - プロセス異常，機器異常に対する緊急操作では，85％がオペレータ主体
- 運転についてのオペレータと制御システムの役割分担についてのメーカー調査結果
    - （現在）：制御システムのベースは80％のメーカーがオペレータ主体
    - （将来）：メーカーが制御システム中心に移行（70％）
        - 「制御システムがすべてを実行し，オペレータに報告する」レベルを目標（35％）

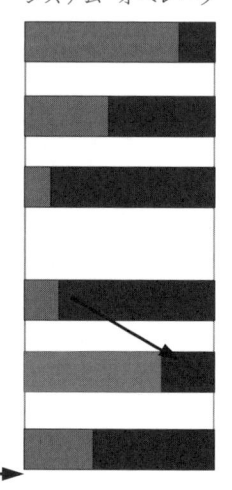

図 5.18　オペレータ役割の変化予測

み，システム主体の操作の自動化は危険回避などを中心にいっそう進むものと考えられる（図 5.18）。

5.5 新しいヒューマンインタフェースのコンセプト

5.5.1 ワークグループマネージメント―オペレータの新しい役割―

このように，オペレータの役割の変革は現在まさに進行中のプロセスである。「オペレータへの要求」→「技術の適用」→「オペレータの新たな役割」→「新たな要求」→「いっそう新しい技術の適用」のスパイラルな変化が急速に進んでいる。この進化の過程を考えれば，オペレータが一定の決まった役割を果たすという考えは不適当と考えるのがよい。さらに一歩進めて考えれば，オペレータが制御システムの主要ユーザであるという考え方も不適当であろう。エンジニアが協調して運転を支援していく生産システムを目指した場合，生産システムにかかわるすべてのユーザを対象としたシステム，すなわちプラント全体のオートメーションシステムを前提に，広義のオペレータを考える必要がでてきている。

つまり，生産に関与するためにシステムとの対話が必要な業務をもつすべてのユーザをオペレータと定義できる。この中には，従来のプロセスオペレータ業務はもちろん，生産管理，生産計画，各種エンジニア，保守業務が包括されることになる。

これらの多種多様なユーザの要求を満たすためには，どのようなヒューマンインタフェースが必要になるのだろうか。図 5.19 に示すように，ハードウェアについてはいっそうの機器とネットワークの多様化が進んできている。作業環境も現在の計器室だけでなく，現場（フィールド），作業オフィス，自宅，遠隔地などへ広がっていき，必要なハードウェアがそろうことになる。ただし，異なった機器，ネットワーク接続においても関連する生産システムの情報を監視・操作できることが基本となる。計器室では，当分の間オペレータコンソールがやはり重要な構成要素になろう。ただし，意志決定の作業環境とし

・必要に応じた「階層，場所，機能性，安全性」の選択
・例えば，ヒューマンインタフェースでは…
　・統合計器室…
　・オフィス，在宅…
　・より現場に近い環境に…

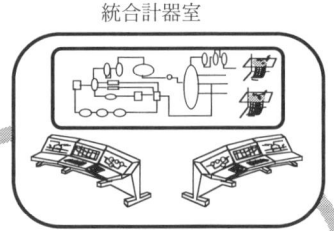

統合計器室

オフィス，在宅…
　携帯型
　デスクトップ　会議室

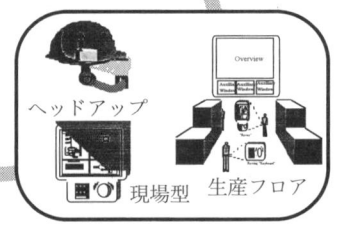

現場に近い環境
　ヘッドアップ
　現場型　生産フロア

すべてのユーザは等しく「生産システム情報」にアクセス

図 5.19　新しいヒューマンインタフェースの広がり（ハードウェア）

て，OA環境への接近，運転形態の変化に対応しやすい機器のモジュール化はすでに始まっている．また，イントラネット/Webによる情報統合化，大形スクリーン，ITVなどのビデオ情報の統合，音声利用などマルチメディア化も進められている．

フィールドオペレータ用には，携帯用高解像度のヒューマンインタフェースが用意されてきている．また，フィールドでの作業性を高めるために，無線通信を併せもつディスプレイの適用も進んでいる．オフィス，遠隔オフィス，会議室などの環境ではPCやワークステーションへの制御システム情報の乗入れが進んでいる．プロセス監視管理に関する機器といわゆるOA機器の一元化が可能になってきている．

つぎに，ソフトウェアおよび運転の考え方について考えよう．

5.5.2　ワークスペース管理

ユーザインタフェースを定義するのに最も正統的な方法は，ユーザの業務分析を行い，システムの機能要求を定義する方法であるといわれている．しか

5.5 新しいヒューマンインタフェースのコンセプト

し，このように多岐にわたる業務をすべて定義するのは不可能であり，業務も変化するため現実的でない．

それでも，いくつかの業務領域を仮定し，それを整理して対比させることはヒューマンインタフェースの定義に有効と考えられる．ここでは大きく二つのユーザ業務の領域を考えてみる．すなわち，情報の操作と実システムの操作の二つである．

情報操作の領域は，広く使われているPCを代表として考えればよいであろう．ここでは，コンピュータシステムはシステム内部の情報を管理操作するのに用いられる．一方，プロセス操作の領域は，コンピュータシステムを通じて実世界のシステムを管理操作するのに用いられる．この二つの業務領域とそのヒューマンインタフェースの特徴を考えてみる．

5.5.3 操作の主導性

情報操作を主体とするヒューマンインタフェースでは，操作はユーザが主導である．例えば，ユーザはある銘柄に関する在庫を調査するためにシステム上にツールを起動する．システムはそれに対して応答する．ユーザからの要求がない場合は待機状態となる．一方，プロセス操作を主体とするヒューマンイン

表 5.3 DCSヒューマンインタフェースの課題(1)

特　性	情報の操作 (エンジニア)	実システムの操作 (オペレータ)	特記事項
操作の主導性	ユーザ	ユーザおよびシステム	アラーム，メッセージなど
HIF動作状態	応答的	常時動作	アクティブウィンドウ VS マルチスクリーン
HIF入出力の バランス	入力主体	出力主体	制御モデル作成 VS 制御モード変更
操作の複雑さ	多様・複雑	単純	
操作の緊急度・ 応答性	低	高	
原因VS結果	出力は操作の結果	出力は操作のトリガ	アラーム操作

タフェースにおいては，操作はユーザからもシステムからも起動される。例えば，アラームや故障通知ではシステムが主導となりユーザへの指示を行うことになる。これらの通知は（プロセスの非定常状態では）非常に早い割合で行われる必要があり，かつ見落しのない確実な通知と応答が必要となる。システムがプロセスと運転操作の深い知識をもつようになると，この通知はむしろ**運転支援（アドバイザリー）**の性格を帯びてくる。システムとユーザの主導性は状況により双方向で変化する。また，システムはつねに動作しており，待機状態になることはない（**表 5.3**）。

5.5.4　システムへの入力・出力

情報操作を主体とするヒューマンインタフェースでは，コンピュータスクリーンは，レポートの作成，スプレッドシートの作成，図表の作成など，おもに入力機器として使用される。スクリーン表示は重要だが，確認のために使われることが多く，最終成果物は多くの場合ハードコピーとして出力される。

一方，プロセス操作を主体とするヒューマンインタフェースにおいては，コンピュータスクリーンはおもに出力機器として使用される。ユーザは，ほとんどの時間をこの表示を通じて実世界（例えば，蒸留プロセスの状態を）を監視するのに使用する。入力操作は一般に少なく，スイッチを切り換える，設定値を増減させるなど，簡単な場合が多い（**表 5.4**）。

表 5.4　DCS ヒューマンインタフェースの課題(2)

特　性	情報の操作 （エンジニア）	実システムの操作 （オペレータ）	特記事項
操作メタファ	デスクトップメタファ	マルチスクリーンメタファ	オーバビュー＋操作画面
操作の内容	作業の切換	状況の把握	
作業シナリオ	非類型的・非定常	類型的	ディスプレイセット
その他	ツールを切換 （業務は不変）	業務を切換 （対象は不変）	保守 VS 運転

5.5.5 操作のメタファ

　情報操作を主体とするヒューマンインタフェースには，Windowsなどで一般的になった**デスクトップメタファ**が開発された。このコンピュータ上につくられた机上作業空間は情報操作によく適合しており，ユーザは，作業の切換・管理を資料に対応したウインドウの切換・管理を利用して効率よく行える。

　一方，実プロセス操作を主体とするヒューマンインタフェースにおいては，このデスクトップメタファを無条件に適用するのが困難である。それは，ここでの業務が各種の資料の参照ではなく，実世界の事象を各種の監視の窓を通じてつかむことにあるからである。例えば，プロセスの状態表示のためにウインドウをつぎつぎ開いたり重ね合わせたりすることは，表示を複雑にし，効率的な運転を妨げてしまう。ユーザの業務の主体はウインドウ操作ではなく，プラントの管理にあるからである。ここでは，ユーザの定常的な監視操作のシナリオを実現する作業空間が必要になる。

5.5.6 ツールの切換，業務の切換

　情報操作を主体とするヒューマンインタフェースでのデスクトップメタファでは，机上でいろいろな資料を使って作業を進めるために，ウインドウを切り換えたり，各種のツールを切り換えたりできる。例えば，レポートの作成中に生産コストの計算をするのには，別のウインドウを開いて表計算を起動すればよい。重なったウインドウは，資料を広げた机のように作業を切り換えて行うのに便利である。

　実プロセス操作を主体とするヒューマンインタフェースにおいては，プロセスの状況に応じて業務の内容が切り換わることに特徴がある。例えば，蒸留塔プロセスの操作において，オペレータ（運転監視）は制御変数に注目するし，保守エンジニアは装置やシステムの保全データを参照する。ここでいうオペレータ，保守エンジニアは人ではなく業務を示すもので，オペレータは業務範囲を拡大することにより，これらの業務内容をプラントの状況に応じて刻々と切り換えることになる。

5.6 ヒューマンインタフェースコンセプト例

このような異なったユーザをもつヒューマンインタフェースでは，非常に幅広い表示操作機能をもち，ユーザに適合したワークスペースを提供する必要がある。一方には古典的なプロセスオペレータ業務があり，明確で重なり合わない画面群が必要であり，デスクトップメタファは有効でない。また，一方にはプラントの管理者の業務があり，プラントの実時間情報に加えてレポートの作成，表計算の利用などOA環境であるデスクトップメタファが有効である。今後はこれらの業務をカバーする多能工としてのプロダクション・エンジニアが求められるわけであり，ユーザおよび業務内容に則したユーザインタフェースの定義が容易に行える自由度が必要であろう。

以下にいくつかの例を挙げて説明する。ここでは，オペレータは複数のCRTからなる運転コンソールを主要なオペレータインタフェースとして使用するものとする。

5.6.1 明確なプロセスの可視性を維持するインタフェース設計

オペレータ業務に使用する場合のスクリーンはフルサイズのウインドウをもち，単一の画面構成として，ウインドウの移動やリサイズ，消去は行えない設

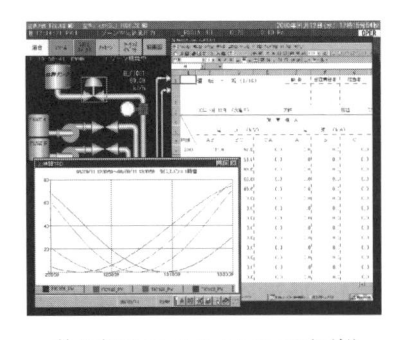

管理者用マルチウインドウ画面例　　　　オペレータ用画面例

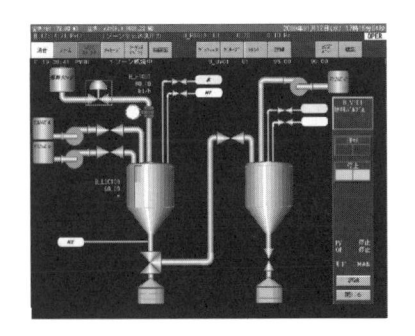

図5.20　管理者とオペレータのヒューマンインタフェースの違い

計が考えられる。これにより画面の重なり合いなどの混乱を避けることが可能となる（これに対してスーパバイザ（運転管理）業務に用いるスクリーンでは，デスクトップのような複雑なウインドウ構成を許すことができる。ここではウインドウを開く，閉じる，移動する，サイズを変更するなどの操作が自由に行える）。このようなウインドウ管理をオペレータ（業務）に応じて提供する機能が必要となる（図 5.20）。

5.6.2 ナビゲーションと運転支援

先に述べたように，オペレータの操作は定常運転時は少なく，品種切換など非定常運転時に集中している。また，ヒューマンエラーに関するユーザ調査では，オペレータの精神的緊張度合いは，適度に緊張と平静がバランスしているのは全体の4分の1にすぎず，大部分が「緊急時と平静時の格差が大きすぎる」，または「平静状態が長すぎる」状態と考えられる。操作時，二つの事象が同時に起こった場合，つぎのアクション結果がわからないときに焦燥を感じ，先入観による処理や情報の意味の重大さに気づかないことに伴って誤操作を誘発していると考えられている。

以下にナビゲーションと運転支援機能の例を示す。

〔1〕 **ズーム機能によるナビゲーション** オペレータは，画面上のターゲットをタッチし，プラント全体から例えば常圧蒸留塔セクションなどのプロセスユニットの状況を中央の主操作スクリーンに呼び出すことができる。ズーミングは，一般にプラント全体のフロー図をベースに行うことが多いが，装置の階層，品種や操作の階層，生産スケジュールの階層など，生産における各種の階層的な関連を利用して，全体から詳細，またはその逆とズーミングを行う手法が効果的であろう（図 5.21）。

また，バッチプロセスでは階層モデル（ISA-SP 88）に従ったユニット操作，基本操作の機能オブジェクトを用いたナビゲーションが用いられている（図 5.22）。

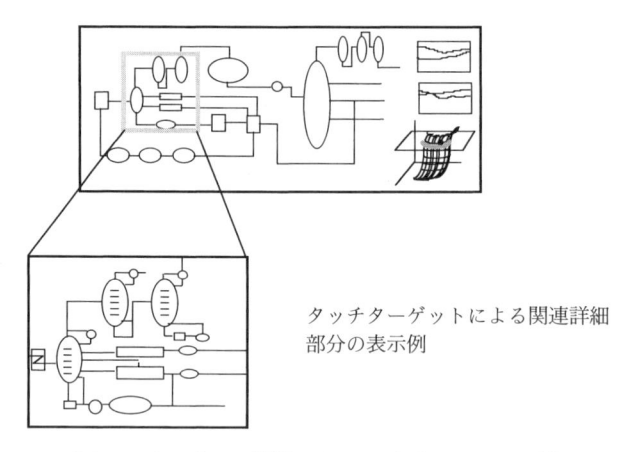

タッチターゲットによる関連詳細
部分の表示例

図 5.21 ズーム機能によるナビゲーションの例

また，図 5.23 のような連続プロセスの非定常オペレーションの**標準手順**（**SOP**）を自動化するシステムの階層化 HIF も最近開発された。

〔2〕 **業務に応じたナビゲーション・運転支援** より重要になってくるのは，先に述べたプロダクションエンジニアの業務内容の切換に対応したナビゲーションである。オペレータは，あるときは生産計画や品種管理などの運転管理者として，またあるときはフィールドの機器や装置の保守管理者として情報を必要とする。同一の監視操作画面から生産情報，運転操作，保守情報に展開するのが，図 5.24 に示すようなケースである。

ここで記述したのは理想的なワンマンオペレーションについてであるが，現実には，何人かの専門家からなるワークグループがプロダクションエンジニアの役割を果たすことになるだろう。ただし，その場合も，この方法の有用性に変わりはない。

〔3〕 **プラント状況に応じたナビゲーション・運転支援** プラントのアラーム（イベント）の通知は，現状ごとにアラームの状態（発生時刻，発生部位，発生内容，緊急度）を報告するにとどまっている。特に DCS では，アラームが標準機能として多種用意され，それに伴いアラームが多用されて，プラント異常時に管理することが困難になりつつあり，アラームを削減するための

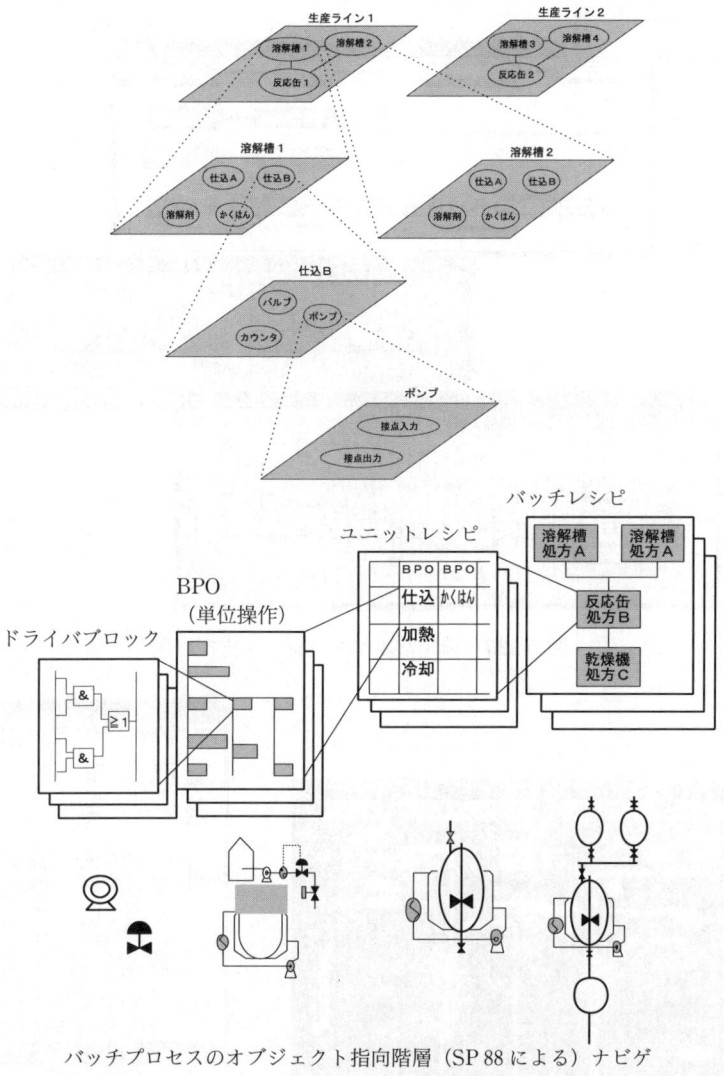

5.6 ヒューマンインタフェースコンセプト例

バッチプロセスのオブジェクト指向階層（SP 88による）ナビゲーション
　　装置階層
　　製品階層
操作単位の誘導，アラームなどの原因，関連装置，製品表示

図 5.22　バッチプロセスでのナビゲーションの例

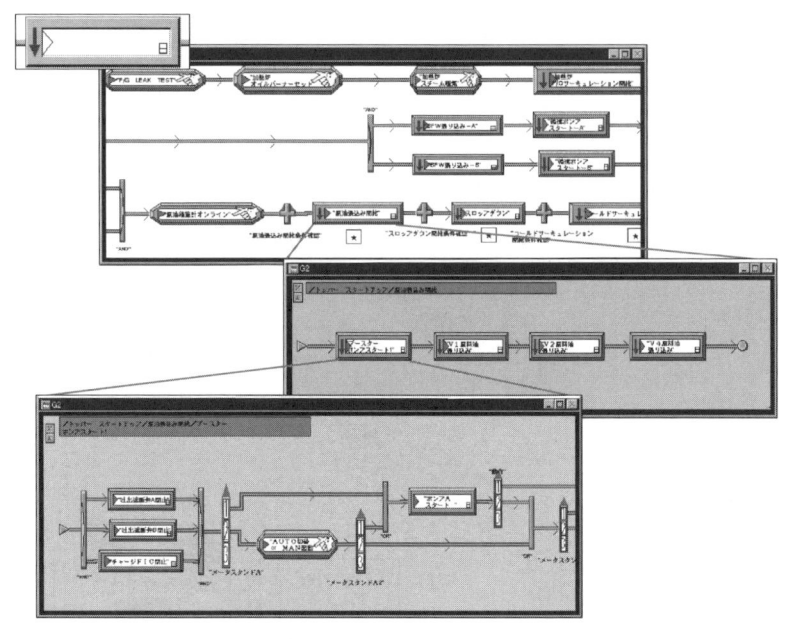

126   5. 運 転 — プロセス運転とヒューマンインタフェース —

図 5.23 非定常オペレーション支援の例

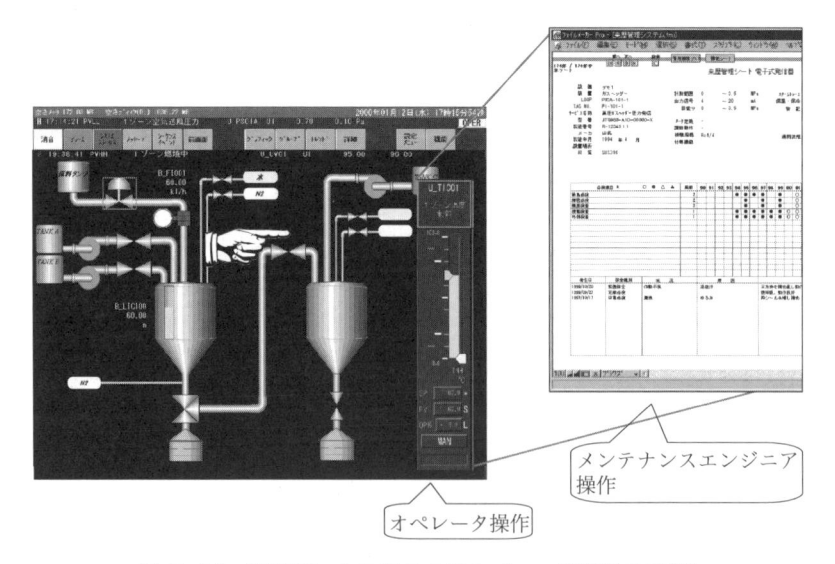

図 5.24 使用者による表示の拡大（ユーザ個別の展開）

解析ツールも開発されている。

　しかし，本来アラームはシステム（プロセス）からのガイダンスであるべきであり，アラーム間の関係，対応方法の指示，予想される結果などの情報の提供が不可欠である。アラーム間の関係づけについては，前述のオブジェクト階層モデルが有効と期待されており，製品への組込みも始まった。さらに，アラームをガイダンスととらえれば，現在の圧力，温度などのプロセス変数のアラームだけでなく，品質，コスト（生産効率）や生産スケジュールに関するアラームも増えてきており，統一的な通知方法と管理が必要である（**図 5.25**）。アラームの重要度においても，オペレータの運転ゴールを階層別にとらえることが可能である。

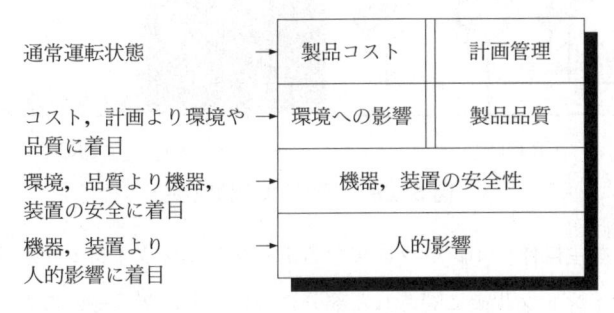

通常運転状態　→	製品コスト	計画管理
コスト，計画より環境や品質に着目　→	環境への影響	製品品質
環境，品質より機器，装置の安全に着目　→	機器，装置の安全性	
機器，装置より人的影響に着目　→	人的影響	

図 5.25　アラームナビゲーション

　安定した運転状況ではコストやスケジュールが重要であるが，異常状態においてはこれらの目的よりも環境や人間の安全が優先される。アラーム機能も，現在の運転状況とそれに応じた運転の目的に合わせたダイナミックな重要度判断やマスキングが行われる。

5.6.3　プラント全体像の常時監視

　ウインドウ機能を利用することにより，プラントの全体像を常時表示しておくことが考えられる。例えば，常圧蒸留塔を操作中にそのユニットを含んでいるプロセスエリアを表示することにより，現在の監視操作と関連する装置をつねに同時に把握することができる。ここでは，色，輝度などによるプロセス状

態とプロセス部位を関連づけるパターン認識による監視を行う。また，画面上にパターン認識のためのアナンシエータを常時配置することもできる。これらは，CRT運転で失われたとされるパネル計器におけるフルグラフィック機能，アナンシエータ監視，設定値グリーンベルトによる例外監視などの機能の再現を試みたものでもある（図 5.26）。

CRT 1　　　　　　　　　　　　　　　CRT 2

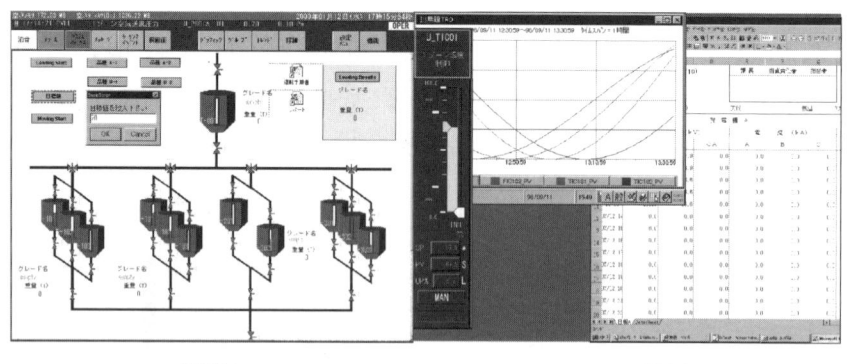

図 5.26　プロセス全体監視

このような主操作ウインドウに重なるポップアップウインドウを使用した場合には，ウインドウ背後に隠された部分についても，アラームなどの状況変化をオペレータに知らせる手段やウインドウをワンタッチで整理する機能が必要となる。

5.6.4　定常時操作の高度化（生産管理など高度な管理指標による運転）

また，オペレータがプロダクションエンジニアに進化するためには，プロセス，システムおよびその運用に関する深い理解と知識が必要である。定常運転時においては，運転操作のほとんどの部分はシステムにより自動化される。したがって，オペレータは，運転状況の解析，新しい運転制御手法の開発・テスト，または非定常操作の訓練などを行うことが考えられる。現在は，これらの業務は独立したシステムによりオフライン的に行われていることが多いが，実

システムの環境下でヒューマンインタフェースを共用することが望ましい。例えば，図 5.27 に示すように，運転画面を利用して過去の運転履歴を再現したり，シミュレータを用いて将来の状況を予測する，いわばタイムマシン機能を提供することで，プロセスに関する理解は非常に高まると期待される。また，可能な操作を選択した場合の結果を運転環境下で予測できれば，意志決定の支援としても大いに利用できよう。

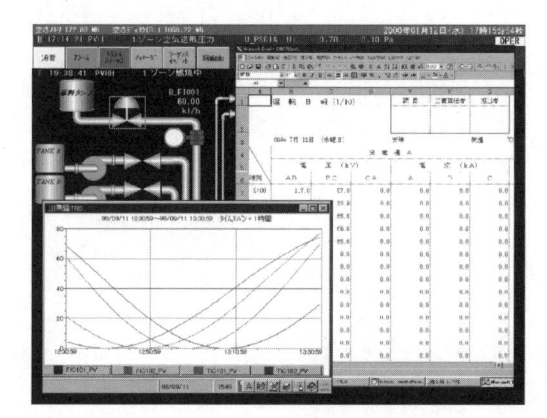

ヒストリ解析，運転解析
機能などの融合

図 5.27 定常運転の高度化

いずれの場合も，一つの画面からシステムでもつ一連の知識（モデル，制御手法，履歴情報など）をすべての状況で利用でき，システムごとに異なるヒューマンインタフェースを設計しないですむ。また，これらの解析結果やインタフェースは，ネットワーク上で計算機や PC を利用するエンジニアや管理者にも提供できる。

5.7 ま と め

プロセス制御におけるヒューマンインタフェースは，日本の工業の最も早い自動化（オートメーション）を支えた 60 年代からのアナログ計装パネル運転，70 年代後半から急速に広まりいまや DCS と専用 CRT/キーボードによるセントラルオペレーションを経て，90 年代半ばからは，拡大するユーザ，工場内

外をリンクする統合的オペレーション要求に応える新たな展開が求められている。

　プロセス制御の基礎を生かしながら，制御システムに止(とど)まらない HIF が今後主流になると考えられる。

6 エンジニアリング
－プロセス制御システムの構築－

6.1 はじめに

本章では，5章のプロセス制御におけるヒューマンインタフェースに引き続き，産業の現場での人間-機械系の考え方の一端を論ずることになる。ここでは，制御システムのエンジニアリングをプラントの建設・運転の総合的エンジニアリングとの関連，エンジニアリング手順，エンジニアリング環境とツールについて，実例を中心に紹介する。

また，最後に今後の展望についても概観する。

6.2 プラントエンジニアリングと計装エンジニアリング

プロセス制御システムのエンジニアリングは，プラントの建設，運転，改造，保守といったライフサイクル，プラントの運用に密接に関連している。したがって，まずプラントのライフサイクルを概観しよう。

6.2.1 プラントエンジニアリング

例として図6.1に示すような化学プラントのライフサイクルを説明する（説明の都合上，商業プラント建設の前に行われるベンチ試験，パイロットプラントでのプロセス開発については割愛する）。

まず，プラントを建設運転するための基本計画，フィージビリティ調査が行われる。すなわち，企業化の可能性を製品需要，立地労働条件，原料供給条件

132   6. エンジニアリング －プロセス制御システムの構築－

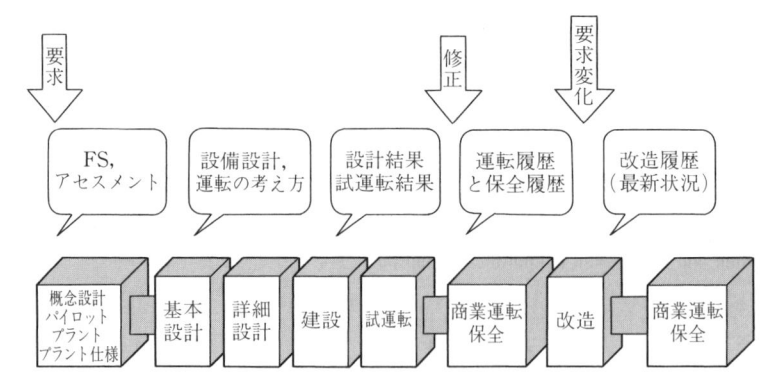

図 **6.1**　プラントエンジニアリングのライフサイクル

などの調査，プラント規模の最適化，適用プロセスの選定，安全性など技術調査，環境調査などの社会調査を行う。つぎの基本設計では，プラントの機能・性能などの基本条件を行う。ここでプロセスフローシートと呼ばれるプラントのアウトラインが決定する。ここでの設計により，プロセス制御システムに関連する条件設定が行われ，システム設計の仕様となる。

（1）　**P & ID**（pipe and instrumentation diagram，**配管計装図**）
・プロセスフローをもとに計測，操作点が定義される。
・計測・制御機器の機能概要と仕様が定義される。
・プロセスの区分や相互関連の情報を提供する。

（2）　機器データ・流体や配管情報をもとに，計測機器や操作端の仕様，台数を規定する。
・計測，操作端と制御システムのインタフェース条件と点数を規定する。

（3）　運転指針
・運転室，運転形態などの基本データを提供する。
・システムの信頼性要求などを提供する。

さらに，詳細設計の段階に入ると，プラントの機器の詳細設計（塔槽類の形式，材質などの設計，熱交換器，回転機器などの設計），配管の具体的設計，

6.2 プラントエンジニアリングと計装エンジニアリング

計装の詳細設計が進められる．また，いわゆる土木建築に関する設計も進められる．

実際の工事の工程に入ると，各種の機器の調達を行い，建設工事を行い，プラント自身の検査を行う．計装（計測・制御）機器は最後の段階で納入される．図 *6.2* のように計測・制御システムは，つぎの試運転の工程ですぐ重要な役割を果たすわけであり，短い工期で完成させなければならないので，現場は緊張感にあふれている．

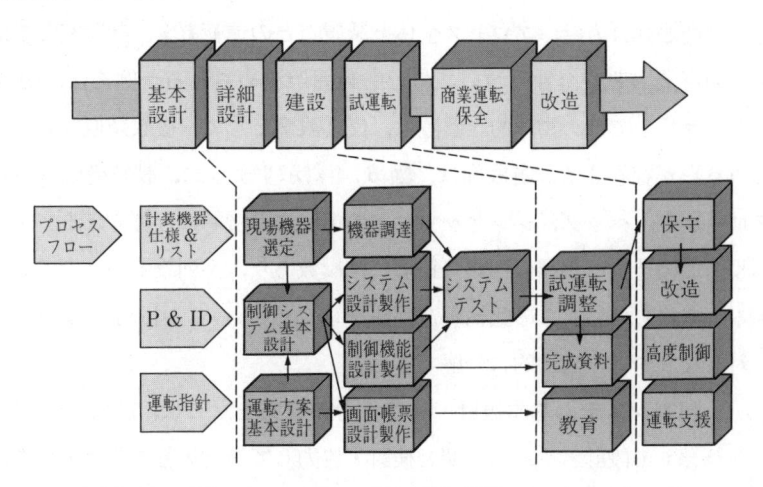

図 *6.2* プラントエンジニアリングと計装エンジニアリング

計装機器が準備されると，プラントは試運転を行い，商業運転に移る．その後，制御システムは（ほとんどのプラントで）1日24時間，長期に連続してプラントの稼働を支える．生産を行ううえで，市況の変化，原料変化などに伴いプロセスの改造・増設などが行われる．この場合も上記サイクルが繰り返される．

6.2.2 制御システムのエンジニアリング

まず，制御システムのエンジニアリングを概観する．ここでは，運転と制御の基本機能の設計から完成までを中心に述べよう．

〔1〕 **現場機器の選定** プロセスに応じた計測・制御点および機器（フィールド機器）を選定する。プラントの運転条件，計測操作する流体の条件により機器の選定が行われる。この際，安全性に関する検討（重要ポイントの2重化，3重化計装，電源断・故障時の動作）と保守の検討を行う（プラントへの入出力（フィールド機器と呼ばれる発信器，調節弁）の選定詳細については，2章，3章の計測機器と調節弁（制御弁）の項を参照）。

〔2〕 **運転方案の基本検討** 運転方案の基本設計により，プラント全体と装置の構造と区分方針，プロセス全体と装置ごとの運転方案，計器室と制御システムの考え方と安全性についての考慮範囲が決められる。例えば，図6.3の化学プラントでは，物理的な装置は，反応設備として，複数類似なもの（系列という）が存在する。各設備は，図6.4に示すように，設備構成（プロセスフロー）上，ヘッダ，ジャケットなどの単位に階層的に分解できる。また，反応設備で製造する製品の種類（銘柄）は複数あり，系列設備のどこでも製造できるようにしたい。この銘柄製造手法をレシピといい，図に示すように，設備と対となりやはり階層的に分解できる。

〔3〕 **制御システム基本設計** これらの情報をもとに，計装エンジニアは，プラントの設計者や，ユーザと検討・協力して下記の基本設計項目を決定

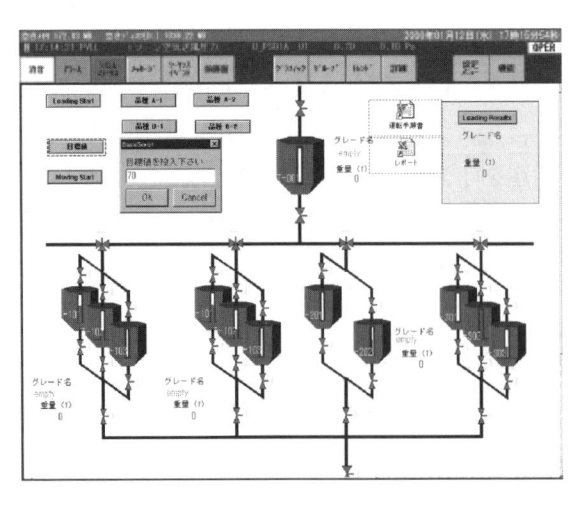

図6.3 化学プラント例
（グラフィック画面）

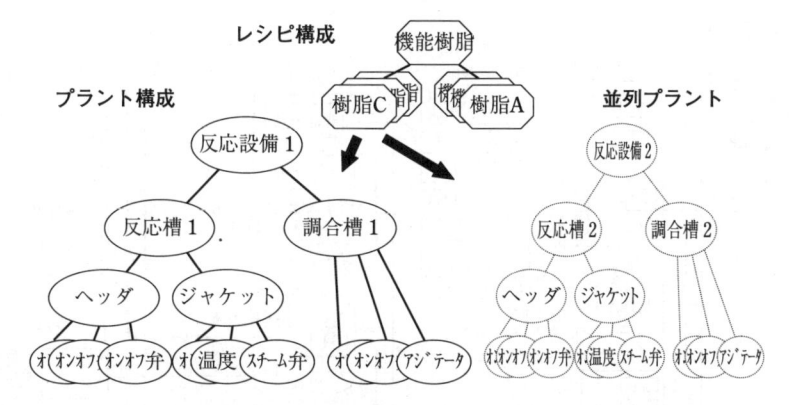

6.2 プラントエンジニアリングと計装エンジニアリング

```
                    レシピ構成
                         機能樹脂
    プラント構成      樹脂C   樹脂A    並列プラント
      反応設備1                       反応設備2
    反応槽1  調合槽1              反応槽2  調合槽2
   ヘッダ ジャケット              ヘッダ ジャケット
  オンオフ オンオフ弁 オ温度 スチーム弁 オンオフ アジテータ  オンオフ オンオフ弁 オ温度 スチーム弁 オンオフ アジテータ
```

- 重要なステップ→運転（画面，警報，帳票），製品，制御の基本単位への展開

図 6.4 化学プラントでのプロセスユニット，レシピ階層構成の例

する（通常は基本設計の前に概略の仕様に基づいておおよそのシステム設計と内容の提案を行う。また，必要費用／期間の予測も行う）。なお，この時点で，システムエンジニアリングの全体工程を理解しておく必要がある。個々については，順を追って説明するが，全体の流れを図 6.5 に示す。

- 制御システムの概略機能
- システムのトポロジー／ネットワーク構成
- システム運転と安全の基本的考え方
- オペレーション／計器室の基本設計
- トレーニング
- 保守の考え方
- エンジニアリング作業のスケジュールと管理の方法

〔4〕 **機器調達**　ここでは，プラントとのインタフェースを行うフィールド機器を選定し，製作する。特定の計測量の計測や操作についても，プラントの条件やプロセスの条件により，複数の原理で複数のメーカーの機器から最適なものを選定する必要がある。ここには，細かな選定基準やノウハウがある（これについては 2, 3 章参照）。

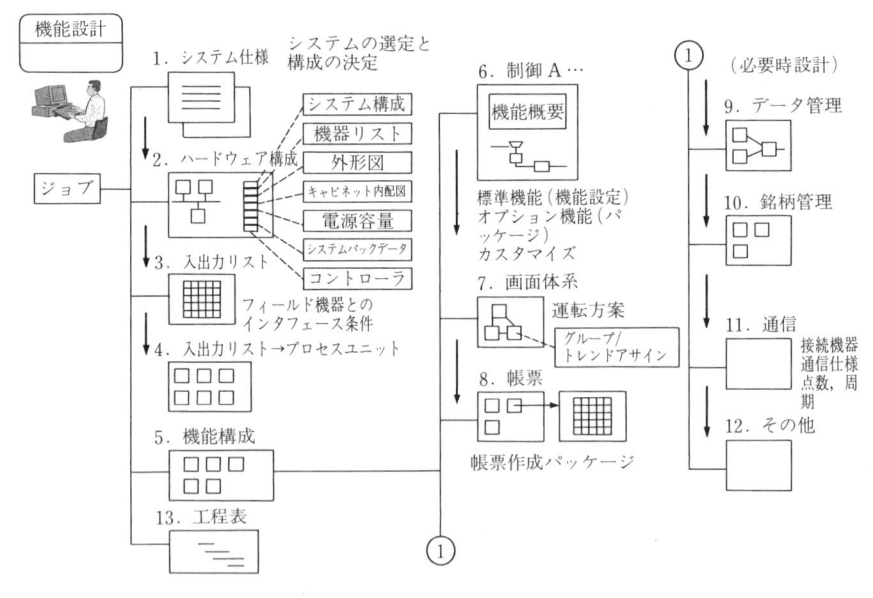

図 6.5 システム設計の流れ

〔5〕 **制御システム（ハードウェア）設計製作**　制御システムは，基本設計をベースに具体的なシステムの設計を行う．設計に基づいて製作が行われる．具体的に，電源システムの選定，接地システムの決定，運転を行うコンソール，制御機器を収納するキャビネットの設計，ヒューマンインタフェースやコントローラの機器選定と物理的配列（入出力カードの場所，配線方式），ネットワーク（光か同軸かの選定とアドレスシステム）方式決定などが必要になる．

〔6〕 **制御機能（ソフトウェア）設計製作**　プロセスおよび機能の階層化仕様記述（図 6.5 に例がある）に基づいて，制御機能を設計する．制御機能には，プロセスとのインタフェースを行う入出力機能定義，連続制御部分を定義する調節制御機能，インタロックなどの処理を行うロジック制御機能，上記機能の連携を図るバッチシーケンス機能を定義する（この部分は後で例を挙げて説明する）．

〔7〕 **画面・帳票の設計製作**　運転方案に基づいて，全体監視画面から個

別の計器操作画面までを設計製作する。同時に画面の階層，相互関係を定義し，相互のリンクを張る。また，多くのシステムはキーボードに画面呼出し専用キーを備えており，同様に画面との連動をさせる。これらの作業は，標準画面や標準化された描画部品を用いて行う。帳票（レポート）も同様に様式を決め，印字内容，印字タイミング（日報，月報など）を定義する。最近の多くの画面やレポートは制御機能と連動していることが多い（運用状況に応じた表示内容の変化やプロセスのイベントに応じた画面処理など）ので，〔6〕制御機能　との一元的な設計が必要になる。

〔8〕　**システムテスト**　　以上の機能が連携して動作するかを確認するのがシステムテストである。具体的には，入出力から制御機能，運転機能が設計どおりループとして動作するかを確認する（基本設計での機能定義，構造設計の善し悪しにより，システムテスト後の修正が大きく変わってくるのが一般的である。通常は，このテストの後すぐにユーザとの立会検査が控え，先に述べたようにプラントの運転時期が迫ってくるので，計装エンジニアにとっては時間的に最もタイトになる。このフェーズで基本設計の反省をしても間に合わない）。

〔9〕　**試運転調整**　　メーカーから出荷されたフィールド機器，システムは，プロセスの現場および計器室に設置される。フィールド機器はシステムに配線され（結線図が用いられる），システムもネットワーク上に組み上げる（計装工事図面を用いる）。システム設置が完了すると，プラントの試運転を行う。具体的な計測制御機能の確認から始まって，製品生産までの条件を整えていく。このとき，当初の設計に盛り込まれていなかった細かな条件の追加や，パラメータの調整，画面体系・運転方式の最終確認が行われ，必要な修正を行う。

〔10〕　**完 成 資 料**　　上記と並行して，設計資料，運転資料を体系化して完成資料として作成する。この資料は運転（運用）の基本資料となる。

〔11〕　**教　　育**　　同時に，運転員への教育，エンジニアへの教育を行うことが多い。システムの基本教育はメーカーでの専門のトレーニングコース

が準備されており，事前に行われるのが一般的である．さらに，ターゲットシステムを用いて納入プラントに固有の機能について教育を行う．

〔12〕**保守・改造** 制御システムはここで一般的に連続商業運転に移行する．システムの維持のために保守が行われる．日常点検，定期点検，また兆候診断による予防・予知の保全が専門の保守エンジニアを中心に行われる．

需要の変化，新しい製品の製造，運転条件の変化に伴って，プロセスの変更が行われる場合，（簡略化されるが）〔1〕からのプロセスが行われる．

〔13〕**高度なエンジニアリング（高度制御，運転支援）** また，同一プロセスにおいて，省資源，省エネルギー，省力化を目的とした**高度制御**（**APC**：advanced process control），運転データベース（解析，管理），運転支援などの諸機能は，商業運転開始後徐々につくり込まれることが多い．特に，高度制御を中心とした分野で制御技術者の大活躍の場となる（4章，7章を参照）．

6.3 エンジニアリングの環境とツールについて

エンジニアリング効率化とその成果であるアプリケーション資産の活用は，プロセス制御システムのエンジニアリングを加速し，ライフサイクルコストを削減するうえで最も重要である．従来は，プラントエンジニアリングや計装エンジニアリングの工程は紙をベースになされており，膨大な量のドキュメントとその確認（承認図ともいう）を必要としていた．現在では，設計の各部門が計算機の活用によりデータベース化，電子化されており，プラントエンジニアリングでは **CALS**（**電子商取引**），**STEP**（**製品データ交換の標準化モデル**）などの研究が進められている．プロセス制御システムのエンジニアリング分野でも，関連した研究が進められている．

ここでは，**CASE**（**コンピュータ支援エンジニアリング**）の経験と研究成果を搭載した統合エンジニアリング環境の例について述べる（**図 6.6**）．おもな特徴は以下のとおりである．

6.3 エンジニアリングの環境とツールについて

図6.6 エンジニアリング支援の考え方

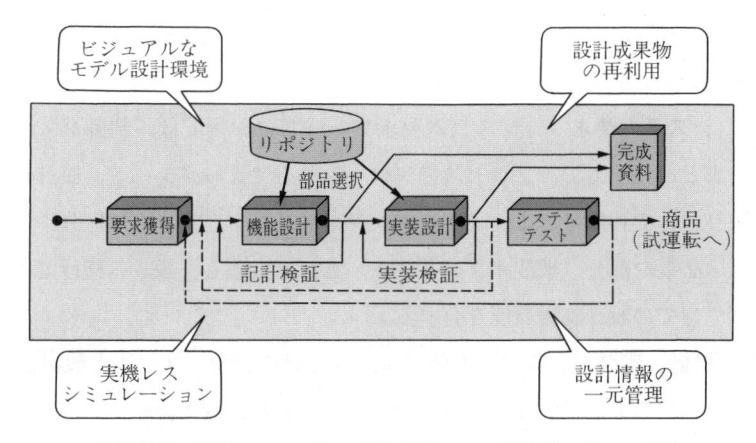

- 制御機能（連続，バッチ）と運転機能の一元的設計，管理，維持
- プロセスとシステムのライフサイクルを包含
- エンジニアの作業環境（実機によらない設計・検証）

〔**1**〕 **プロセスとシステムのライフサイクルをサポート**　ライフサイクルでのCASE環境を提供，すなわち図6.7に示すように，制御システムの要求

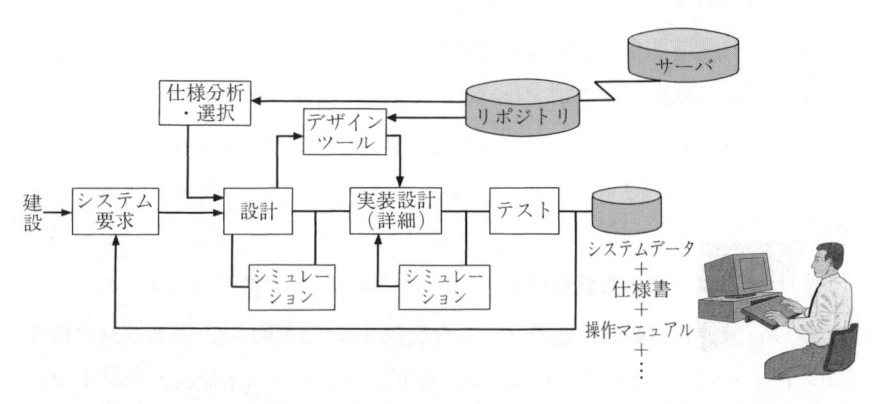

- 要求定義から試運転までを総合的にカバー
- 改造，増設といったライフサイクルでのエンジニアリングを一元化データ構造で支援
- リポジトリ機能で標準化・再利用化を促進

図6.7 ライフサイクルのサポート

定義から試運転，改造，保守に至るエンジニアリングのライフサイクルをサポートする．

1) システム要求 システム要求フェーズにおいては，制御システムの要求をまとめるうえで，プロセスのフローシートやデータシート，設計資料を直接取り込んで利用できる．また，エンジニアリングをプロセス区分や業務区分などの必要な部分（機能オブジェクト）として定義し，設計へ移行できるトップダウンでの設計支援環境を有する．

2) 設計，実装 設計，実装フェーズでは，グラフィカルな設計ツールをフルに利用して効率的な設計製作が行える．また，制御機能とレポートなど相互に関係ある設計は，異なったツールであっても一括して同一設計シート上で管理し，チェックが行える．

3) テスト，試運転 設計実装した機能は机上で（シミュレーション機能を用いて）ほとんどの部分を事前にテストし，完成度の高い状態でターゲットシステムに組み込める．またプラント（プロセス）との干渉をなくし，システムテストが行えるため，現地で配線工事とシステムテストを並行して行い，システムと作業時間を効率的に利用できる．

4) 改造，保守 完成したシステムは，仕様書や運転手順書を含んだ形で電子的に保存管理できる．増設，改造時も，このファイルを参照すれば必要な情報がすべて整理された状態で使え，エンジニアリング作業が容易に行える．

〔2〕 **グラフィカルな設計環境** エンジニアリング機能上の個々のツールは，グラフィカルな設計，生成ツールを提供する（図 6.8）．例えば制御機能（コントローラ）では，プロセス計算，補正，アドバンスト制御，インタロックや機器状態監視などの各種制御機能を機能部品化（オブジェクト化）している（これは「計器」とも呼ばれる）．

制御機能の設計は，設計シート上に計器（アイコン）を貼り付け，つなぎ合わせるだけで設計ができる．一度設計されれば，設計情報はハードウエア，アルゴリズムやパラメータのデータに自動的に展開される．また，シート印字は

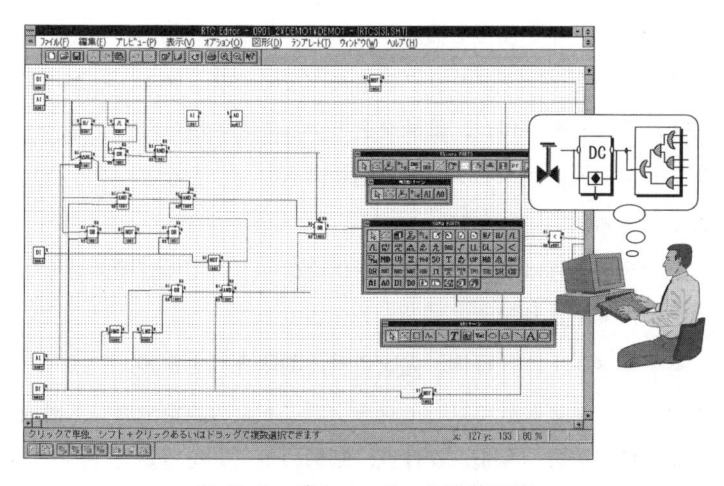

6.3 エンジニアリングの環境とツールについて

図 6.8 グラフィカルな設計環境

完成資料としてそのまま使用可能である。

〔3〕 **設計情報の一元管理**（図 6.9）　設計作業は，シートと呼ばれる作

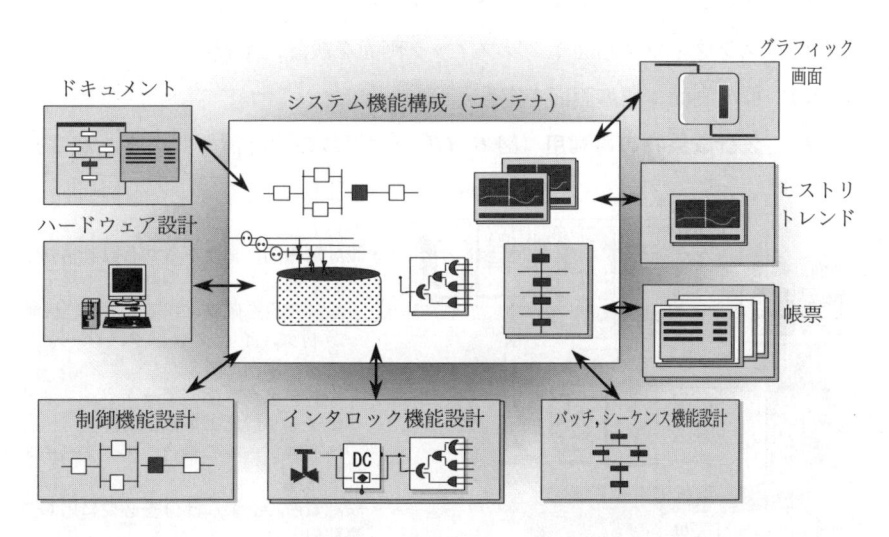

図 6.9 設計情報の一元管理

業空間に各種のツールを使って機能設計を行い，相互に関連づけることで完成する。機能はビルディングブロック構造になっており，メニューからアイコンで選択して，それを結び付け，機能を選択することで簡単に行える。また，複数の作業シート（同レベルのシート，階層構造のシートなど）を相互に関連づけることができる。

また，コンテナと呼ばれるパッケージ化用シートを用いて機能をカプセル化し，多くのユーザで再利用することもできる。

（1）ドキュメント：仕様書，完成資料，関連資料を定義
（2）ハードウエア設計：コントローラのアドレス設定やカード構成を定義
（3）制御機能設計：監視，操作点，制御のループを定義
（4）インタロック機能設計：ロジック処理機能を定義
（5）バッチ，シーケンス機能設計：シーケンス制御CLを定義
（6）帳　票：同期レポート，イベントベースのバッチポートを定義
（7）トレンド／ヒストリ：履歴データとその表示を定義
（8）グラフィック画面：グラフィック画面を設計，定義
（9）標準画面：標準画面を定義

〔4〕 **設計成果物の再利用**（図 6.10）　複数の設計情報間にまたがる共

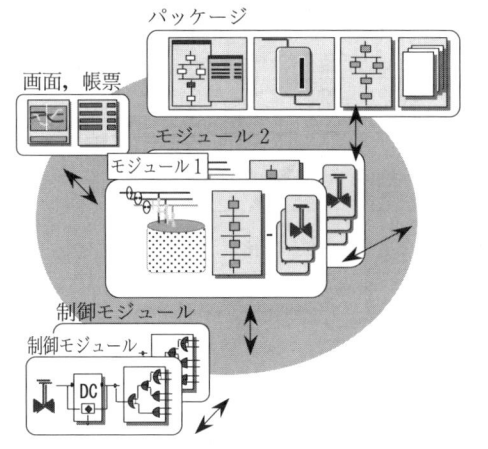

- 設計情報間にまたがる共有設計情報を一元管理
  - 設計変更を確実にする変更管理機能
    ≫制御，インタロック，シーケンス，画面，帳票
  - オブジェクト指向データベース／リポジトリ機能による集中管理
    ≫複数ツールの融合，データベース管理
- 設計資産の必要な部分を必要に応じて再利用
  - 装置の追加，類似装置への応用
  - 標準パッケージ化

図 6.10　設計成果物の再利用

6.3 エンジニアリングの環境とツールについて

有設計情報を一元管理することが重要である．制御関連機能はシートまたはコンテナに格納して管理することで，以下のような運用が行える．

1） 設計変更を確実にする変更管理機能 制御，インタロック，シーケンス，画面，帳票などの変更の来歴を管理し，相互に矛盾のない設計・変更を行える．

2） オブジェクト指向データベース／リポジトリ機能による集中管理 アイコンやメニューを用いて，複数のツールを一つの環境で融合的に使用できる．一括してデータベース管理される．

また，設計資産の必要な部分を必要に応じて再利用するための構造が準備されており，シート単位や部分での切取り，複製が行え，装置の追加，類似装置への応用が簡単である．また，あらかじめ再利用を目的としてコンテナ部品として定義すれば，標準の機能ブロックと同様にメニュー，アイコンなどの操作が可能である．

〔5〕 **実機なしでのシミュレーション** エンジニアリング機能は，オープンOS（例えば，WindowsNT）やPC技術を活用し，システムの規模やシステムライフサイクルのさまざまなケースで要求されるエンジニアリング形態に対応する．特に，実機なしでのエンジニアリング作業は長く求められてきた．その内容を以下に示す（図 **6.11**）．

- 手持ちのPCを使用したターゲット機器なしでのエンジニアリング作業
- シミュレーション機能により，制御機能や入出力状態を含むシステムのシミュレーション，動作確認
- ターゲット機器を使用した試運転や銘柄追加時の改造のオンライン実施
- ネットワークを経由したリモートサイトからのエンジニアリング
- エンジニアリングサーバーにアクセスし，各種の機能部品やアプリケーションパッケージを活用するエンジニアリング環境の選択可能性

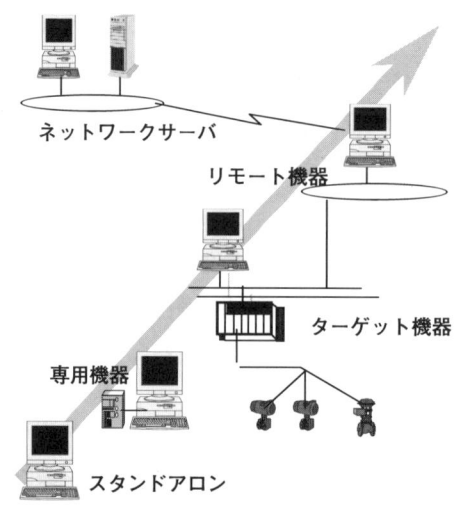

144　　6. エンジニアリング － プロセス制御システムの構築 －

- エンジニア用パソコンでエンジニアリング作業
  （スタンドアロン）
- 専用エンジニアリング機器として実機レスシミュレーション
- ターゲットシステムで実装
- ネットワークリモートエンジニアリング
- ベンダサーバと接続してパッケージ，パーツライブラリを活用

図 6.11　実機なしでのシミュレーション

6.4　エンジニアリング入門

　以下，例題で実際のエンジニアリングの手順を確認しよう。ここでは紙面の都合で，比較的小規模なプロセスでの基本機能のみ紹介するにとどめるが，エンジニアリング手順を知る上で必要な項目を説明する。（イタリックで書かれた部分が設計作業の項目である）複雑で大規模なシステムでの例については参考文献を参照願いたい。

　〔1〕 **プロセスの概要**　　例題には，図 6.12 に示す AB リアクタシステムを使用。

　二つの反応物質（原料 A，B）をリアクタに流し込む。それに熱を加え，攪拌し，温度を下げた後に製品としてリアクタから取り出す。

　　　　設計作業 → ジョブの定義

　〔2〕 **プロセスの分割**　　上記から三つのプロセス部分に分割する（図 6.12 参照）。

6.4 エンジニアリング入門　　145

プロセスは，フローシート，運転法案を参考に比較的独立性の高い部分に分割する。この例では，以下のように分けた（トップダウンのエンジニアリング

┌ コーヒーブレイク ┐

－ モデリングとシミュレーション（その2）－

　プロセスのモデリングやシミュレーションを行おうとすると，昔はFORTRANやBASIC言語を用いてプログラムを作成していた。現在では，MATLAB（サイバーネット社）などの制御設計ツールには何かしらのモデリングとシミュレーションツールが用意されている。DCSにも，作成した制御ロジックの検証用にシミュレーション機能が用意されており，プロセスに接続する前にその動作を確認できる。一方，石油・化学プロセスなどその業種ごとの詳細なシミュレーションが必要な場合には，物性定数や設計定数などを含めた専用のシミュレータが市販されている。これらは，グラフィック上で各ユニット接続を定義するだけで，方程式の解法を指定することなくシミュレーションを実施できる。また，自作の制御ソフトとの接続インタフェースも用意されており，プロセス運転装置と接続してトレーニングや運転解析用のシミュレーションも可能である。こちらは"プロセスシミュレーション"や"石油化学"をキーワードとしてWeb検索すると，容易に各社の資料を見つけることができ，評価プログラムをダウンロードできる。前述のPID制御とはまた異なる実プロセス体験ができるのでお試しあれ。入門者にはよい教材である。

　プロセスシミュレータはその用途により分類できる。プロセス設計用，プロセス解析用，運転訓練用，生産計画用など。また，業種に対応して，石油化学用，鉄鋼用，水処理用，自動車設計用などの市販ツールが出回っている。コンピュータの進歩に応じてこの世界も日進月歩で進んでおり，プロセス制御のエンジニアリング環境の更新に貢献している（つづく）。

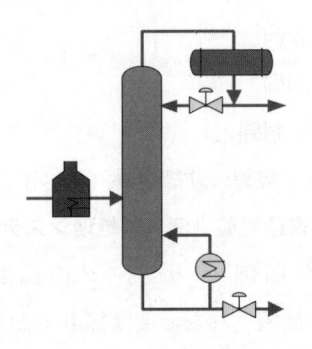

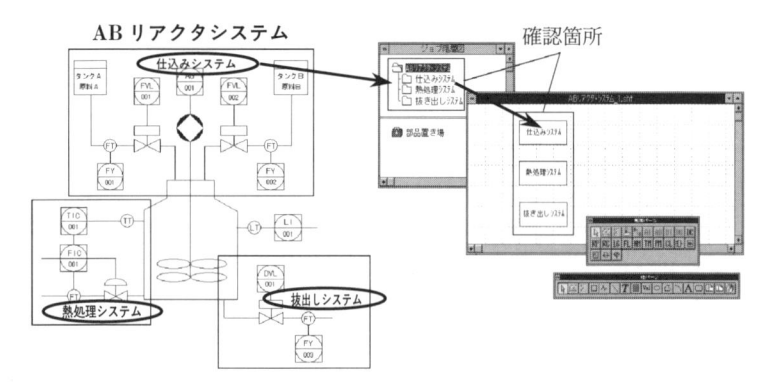

146　　6．エンジニアリング－プロセス制御システムの構築－

・プロセスを機能単位で区分し，水平垂直の構造を決定する
・区分の単位は，自律（自己完結）機能となる

図 **6.12**　プロセス概要とプロセスの分割

手法である）。
（1）　仕込みシステム
（2）　熱処理システム
（3）　抜出しシステム
　　　設計作業　→　ジョブ階層の定義
〔3〕　**各部分の詳細の構造定義（例：熱処理システム）**　　原料の反応を促進させるために，リアクタのジャケットに蒸気を流して加熱する。設定時間攪拌した後，リアクタの温度を設定温度まで下げる。リアクタの温度は，蒸気流量調節計とカスケード接続された温度調節計で制御される。熱処理システムをさらに**図 6.13**のように制御機能単位にブロック化する。下記の三つになる。
（1）　温度カスケード制御
（2）　温度プログラム制御
（3）　温度インタロック制御
　　　設計作業　→　ジョブ階層の詳細定義（熱処理システムの詳細）
〔4〕　**各部分の詳細の構造定義（例：熱処理システム）**
1) 温度カスケード制御　　リアクタの温度は，蒸気流量調節計（FIC 001）とカスケード接続された温度調節計で制御される。これらは代表

6.4 エンジニアリング入門

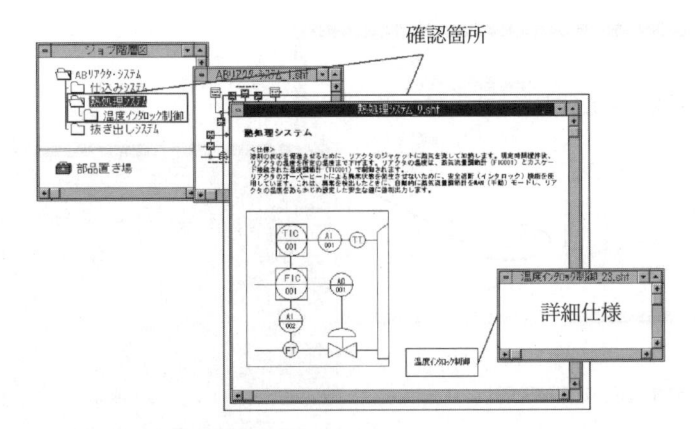

確認箇所

- ユニットやタスクごとの詳細構造（下位構造）を決定
- 各部分の機能仕様を定義
- 階層別に関連づけ

図 6.13 構造と機能仕様の決定

的「連続制御機能」で，DCS コントローラ内部の調節制御計器（アルゴリズム：PID）で，また現場機器との入出力処理計器としてアナログ入力とアナログ出力を用いる（図 6.14，図 6.15）。

2）温度プログラム制御　温度プログラム制御は典型的なシーケンス制御機能で，以下の工程処理を行う（図 6.16）。下記の五つの工程に分けられる。各工程の内容を説明する。

（1）予熱：原料を流し込む前に，あらかじめ設定した温度までリアクタを予熱する。

- コントローラ機能
  - 入出力モニタリング
    - アナログ入出力
    - ディジタル（オン・オフ）入出力
    - パルス入力
  - 調節制御
    - 演算
    - 制御
  - ロジック制御
  - シーケンス制御

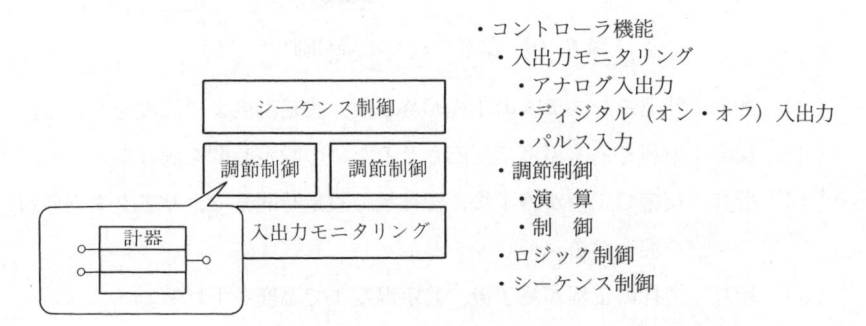

図 6.14 制御機能の設計

・機能構造 → 詳細設計

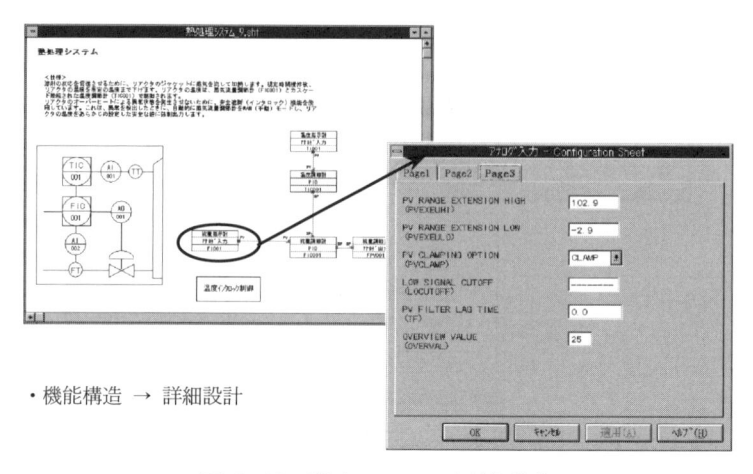

図 6.15 温度カスケード制御設計

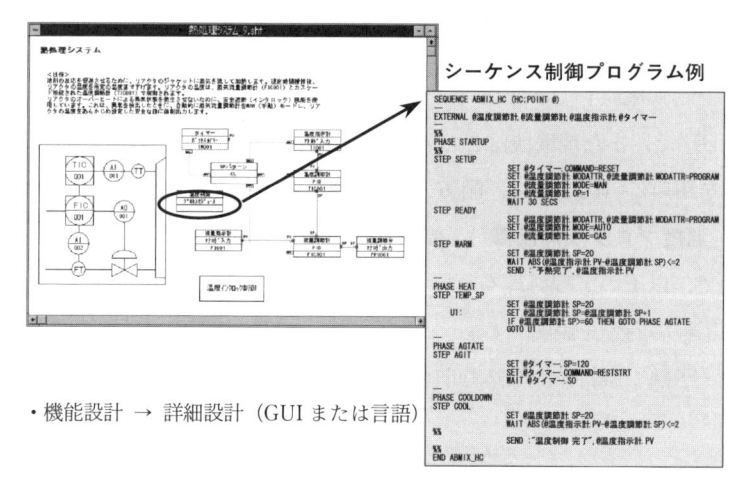

・機能設計 → 詳細設計（GUI または言語）

図 6.16 温度シーケンス制御設計

（2） 加熱：仕込みシステムの工程が終了後，設定温度まで温度を上げる。
（3） 反応：原料をある温度で反応させるための設定時間を設ける。
（4） 撹拌：反応の工程が終了後，撹拌機で設定時間まで，リアクタ内原料を混合する。
（5） 冷却：撹拌の工程が終了後，設定温度まで温度を下げる。

3）**温度インタロック制御**　なんらかの原因で温度が異常に高くなった場合の処理もプログラム中に記述する（図 **6.17**）。異常処理は以下のとおり。

（1）　蒸気流量調節計のモードを MAN（手動）にし，出力を全閉にする。
（2）　抜出しバルブを開けてリアクタを空にする。
（3）　温度制御プログラムを停止する。

　　設計作業 → 各部分の機能定義（仕様書）

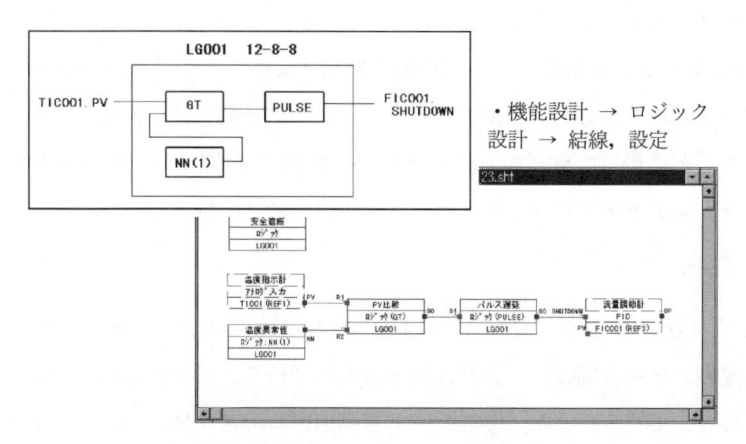

　　　　　　　　　　　　　　　　　　　　・機能設計 → ロジック
　　　　　　　　　　　　　　　　　　　　　設計 → 結線，設定

図 **6.17**　温度インタロック制御設計

〔5〕　**制御仕様の設計**　具体的な制御機能を前項で定めた構造と仕様をもとに作成する。構築は機能ブロック（コントローラ内部機能のこと。計器ともいう）に対応する制御部品のアイコンを用いてビジュアルに作成する。典型的なコントローラに実装されている機能には以下の項目がある（詳細は 4 章参照）。

1）　入出力処理計器　計測器，操作端とのインタフェースを行い，計測器（計測された変数），操作端（操作端への出力変数）をシステム内で代表する。個々の計器には固有の名称（タグ名と称す）を付け，機能を選択する。機能には，入出力の線形化処理，アラーム処理，積算処理，安全対策処理，診断機能などがある。

2）　演算・調節制御計器　連続的な制御の実行を行う。個々の計器ごと

に演算制御アルゴリズムを選択できる。フィードフォワード演算，むだ時間処理，移動平均などの信号処理，PID を中心とした各種制御処理が選択できる。個々の計器について，警報処理，制御パラメータ，操作の制限値，安全対策処理，診断機能，制御モードなどが選択できる。

3) ロジック計器 論理処理を中心としたロジック制御を行う。ブロック表示が一般的であり，プロセスや操作のインタロックを行う。各種論理演算のアルゴリズムが選択できる。

4) シーケンス計器 上記機能を統括するシーケンス機能はシーケンス計器と呼ばれる制御機能が担当する。シーケンス計器には，表形式のもの（テーブル）と高級言語形式のものがあるが，最近は **SFC（シーケンシャルファンクションチャート）** などのグラフィカル言語形式で機能定義，設計されることも多い。

以下，AB リアクタプロセスでの制御機能設計を順を追って紹介する。

「**温度カスケード制御**」の設計は以下の手順で行う。設計結果はグラフィカルな資料として残る。また，カスケード制御のプロセス全体についての位置づけは，前に定義した「機能階層の定義」結果により管理される。

（1） 計器部品の選択と配置（ドラッグ＆ドロップ）
（2） 計器部品間の接続情報の定義（アイコン間のリンク）
（3） 個々の計器部品の詳細情報の定義（プロパティの定義）

「**温度プログラム制御**」の設計は以下の手順で行う。

（1） グラフィカルツールを使用してプログラム（シーケンス）制御ロジックを設計する。
（2） ほかの計器とのデータリンクを行うためのシーケンス機器に，上記シーケンス機能を関連づける。

「**温度インタロック制御**」の設計は，ロジック制御計器を用いて，以下の手順で行う。

（1） グラフィカルツールを使用して，インタロック制御機能を選択する。

(2) インタロック制御の機能間およびほかの計器との関連づけ（リンク）を行う．

設計作業 → 各部分の機能割付け

〔6〕 **制御仕様の実装**　制御仕様の実装は以下の手順で行う．これらの作業は，〔5〕で定義した機能定義の下位に当たる．操作上は階層構造をさらにトップダウンで下に下がっていく形になる．

(1) 温度カスケード制御および温度インタロック制御の各制御計器について，選択仕様，変数などの詳細を定義する（プロパティーシートと呼ばれるデータ設定ウインドウで設定する）．

(2) この場合，実際のコントローラハードウエアとの関連を付ける（実タグ名）方法と，機能を一般的に示す（仮想タグ名）方法とがある．後者はレートバインディングとも呼ばれ，機能を動作するハードウェアから独立に管理するのに有用である．

(3) 温度プログラム制御では，上記と同様に関連する計器の機能を選択していくのに加えて，温度管理プログラムを生成（管理可能なソースファイル）する．

以上の詳細設定が終了したら，計器とプログラムの実行ファイルを生成し，コントローラに通信ネットワーク経由で設定（ローディング）する（この時点で，ハードウェアの定義と上記仮想タグ名と実タグ名の結び付け（バインディング）を行う）．

設計作業 → 個別機能（計器）での機能決定（機能選択，変数設定）

〔7〕 **画面作成と運転テスト**　画面（帳票）の作成は，上記制御機能（タグ名）を利用して行う．作成は，最近のグラフィカルユーザインタフェースの作成ツールでは，ツールバー，ツールボックスおよびダイアログボックスと呼ばれる機能が用意されており，一般につぎの手順で作成する（**図 6.18**，**図 6.19**）．

1) **グラフィック画面**　グラフィック画面は以下の要領で作成する．

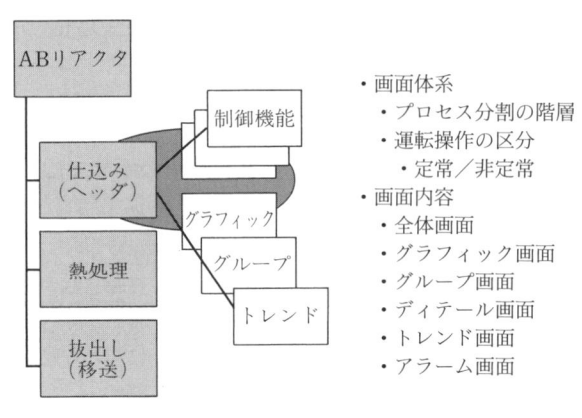

152   6. エンジニアリング − プロセス制御システムの構築 −

図 6.18 画面と帳票の作成

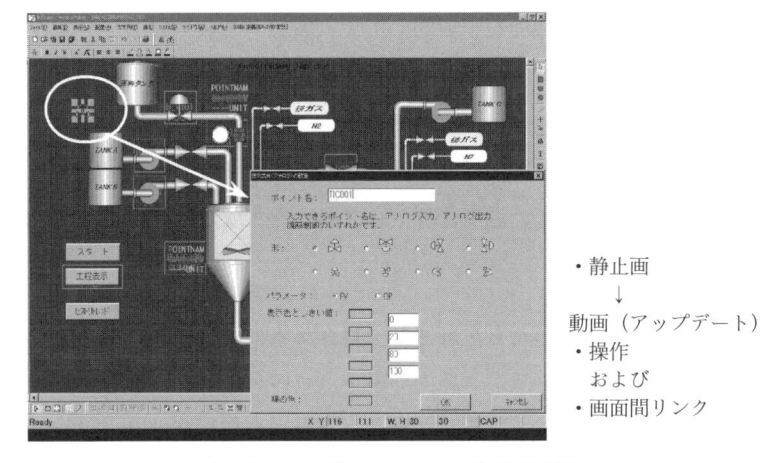

・画面体系
 ・プロセス分割の階層
 ・運転操作の区分
  ・定常／非定常
・画面内容
 ・全体画面
 ・グラフィック画面
 ・グループ画面
 ・ディテール画面
 ・トレンド画面
 ・アラーム画面

図 6.19 グラフィック画面設計製作

・静止画
  ↓
 動画（アップデート）
・操作
 および
・画面間リンク

（1） 階層構造での画面名を定義する。
（2） 静止画部分を作成する。ツールバー，ツールボックスを利用する。
（3） 動画（プロセスデータ）を定義する。数値の表示，プロセス変数値による静止画の属性変更（色変更，点滅など）を定義できる。タグ名を指定してプロセスデータ（制御機能）との関連づけを行う。タグ名＋変数名を使って，制御機能のほとんどあらゆる情報をGUI上に表現できる。(帳票についてもほぼ同様の手順となる（**図 6.20**）。静止画

6.4 エンジニアリング入門　　153

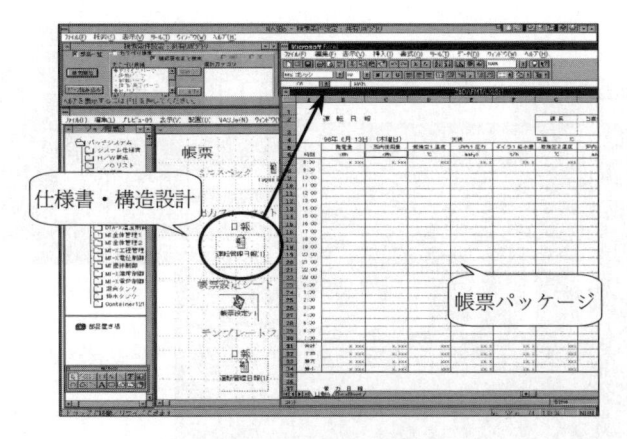

・オープンなツールの活用（表計算ソフト）
・パッケージ利用とヒストリ機能とのリンク

図 6.20　帳票設計製作

が表の形式になる）。

（4）必要に応じて，履歴データをトレンド表示するライブラリを呼び出し，定義する。画面間の関連づけは画面呼び出し機能で定義する[†]。

2） グループ画面，トレンド画面　　グループ画面やトレンド画面は標準化された画面であり，画面に表示したいタグ名を定義すればよい。タグに割り当てられた計器の種類に応じて，自動的に異なるユーザインタフェースを表示してくれる。トレンド画面ではタグ名定義のほかに表示の時間幅などいくつかの選択項目があるが，実作業はほとんどない（図 6.21）。

3） アラーム画面，ディテール画面　　これらの画面は，一般に特別なエンジニアリングを行わなくてよいレベルに標準化されている。アラームは，ブザーとともに表示される。自動的にポップアップするようにもできるが，アラーム監視を行うタグを決定しなくてよい。これは，制御機能（オブジェクト）

[†] グラフィック画面作成にあたって一から作成する方法を説明したが，実際のシステム構築ではプロセスの種類や運転方式ごとにテンプレートが用意されており，手順が標準化・簡略化されている（図 6.21 グループ画面などは標準化の例である）。

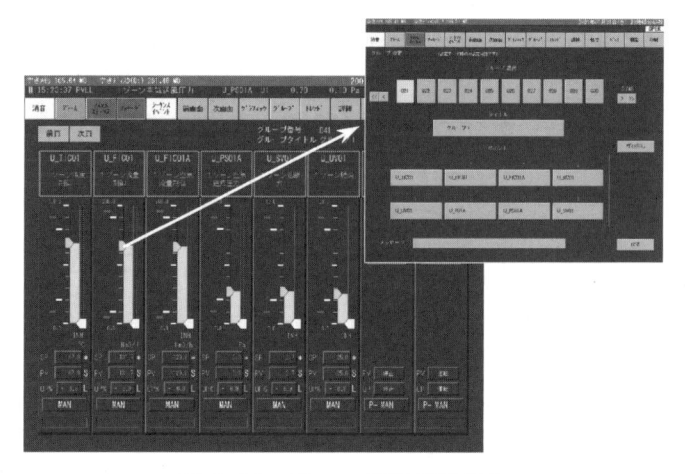

図 **6.21** グループ画面設計製作

がアラームの監視と通知の機能を有しているためである．ディテール画面（計器単位の詳細画面）もエンジニアリング不要である．タグに割り当てられた計器の種類に応じて自動的に異なる GUI を表示してくれる（図 **6.22**）．

実際のエンジニアリングでは，この後実システムでの試運転と調整を行い，最終仕様を決定する．また，完成資料（完成図書と称する）を作成し，運用す

・制御機能の設計実装
↓
・HIF の自動構築

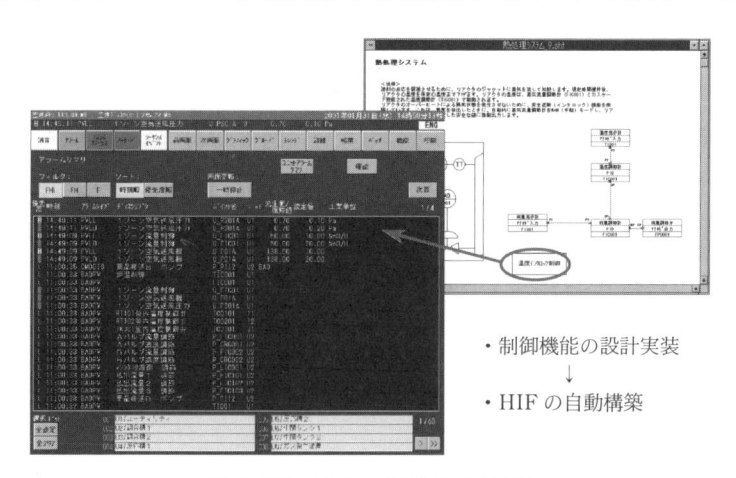

図 **6.22** アラーム画面設計製作

る運転員・エンジニアのトレーニングを行い，運用・保守の状態に入る。これらの内容については，紙面の都合で割愛する。

6.5 エンジニアリングの今後の展開

今回は，プロセス制御におけるエンジニアリング，特に基本となる制御機能とヒューマンインタフェース設計を中心に述べた。実務においては必要だが，紙面の関係で省略した部分が多々あることを了承願いたい。

プラントエンジニアリングにおいては，実際のハードウェア作業（工事）の手前でプラントの動作や運用を確認する試みが進められている。また，設計の各工程での検討資産を長期のプラントライフサイクルで活用しようとする動きもある。前者はプロセスのモデリングとシミュレーションの技術が重要であり，後者では情報交換の標準化やオブジェクト指向の設計技術が重要である。また，実用化の背景には，計算機能力の飛躍的拡大と PC を中心とするネットワーク形エンジニアリング環境の進歩があると考える。プロセス制御のエンジニアリングの分野では，早くから部品化・標準化が進められてきたが，ネットワーク形での統合エンジニアリング環境，ライフサイクル（基本設計から詳細

- プラントエンジニアリング
  - 設計，検証の高度化（仮想プラント設計）
  - 実プラントとのレートバインディング
- 計装エンジニアリング
  - ネットワーク環境，エンジニアリング作業の標準ワークスペース
  - 制御・運転機能のオブジェクト化（再利用）

図 6.23 今後のエンジニアリング(1)

6. エンジニアリング － プロセス制御システムの構築 －

設計，初期設計から試運転・改造といったフェーズでの一元化が進められている（図 6.23，図 6.24）。

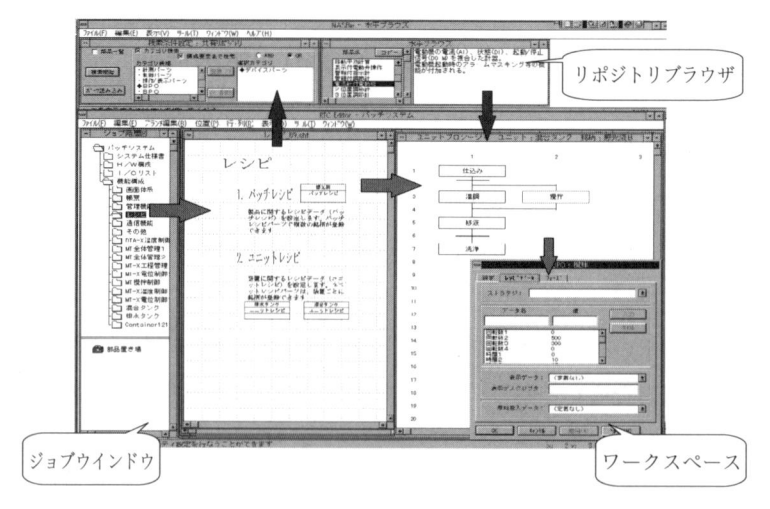

図 6.24　今後のエンジニアリング（2）

7 応用
－プロセス制御の実際－

7.1 はじめに

7章ではプロセス制御の応用事例を紹介する。7.2節は，石油精製プロセスでの事例であり，石油精製プロセスの概要，加熱炉の制御，蒸留塔の制御，流動接触分解装置の制御について言及する。7.3節は鉄鋼プロセスでの事例であり，鉄鋼プロセスの概要，熱延プロセスの制御，冷延プロセスの制御，棒鋼・線材圧延プロセスの制御，熱延加熱炉の制御，連続鋳造プロセスの制御を紹介する。

7.2 石油精製プロセスにおける応用

7.2.1 石油精製プロセス概要

複雑な炭化水素化合物の混合物である原油を化学的および物理的に連続処理して，各種石油製品または石化原料を製造することを石油精製という。多様な要求性能をもつ各製品を安定的に製造するために，石油精製プロセスには多種類の工程が組み合わされている。**表7.1**におもな精製工程とそれらの目的を示す。

原油は，まず原油中に混入して腐食などの原因となる塩分が脱塩槽で除去された後，常圧蒸留装置で沸点の差により，液化石油ガス（LPG）留分，ガソリン留分，灯油留分，軽油留分，重油留分に粗く分けられる。さらに，高沸点の重油留分は，熱分解を起こさない温度で蒸留するため減圧蒸留装置で減圧軽

7. 応用 — プロセス制御の実際 —

表 7.1 おもな精製工程と目的

精製工程	単位操作	目 的
脱 塩	抽出・分離	不純物の塩分の除去
常圧蒸留, 減圧蒸留	蒸 留	各製品留分への粗分け
水素化精製	脱硫反応など	硫黄・窒素などの不純物の除去
接触改質	脱水素反応など	ガソリン留分のアップグレード
接触分解	分解反応	軽質留分増産のための重質留分の分解
熱分解	分解反応	軽質留分増産のための重質留分の分解と石油コークスの生産
アルキレーションなど	合成反応	高性能なガソリン留分などの生産
ブレンド	混 合	各基材の調合による製品の作り込み
硫黄回収・排煙脱硫	反応・ガス吸収	SO_x の排出防止

油留分と減圧残渣留分などに分けられる。

つぎに,各留分は水素化精製装置にかけられ,不純物である硫黄や窒素化合物などが除去される。脱硫・脱窒素反応は高温,高圧,水素雰囲気化で触媒を介して行われる。各留分に含まれる不純物の分子量,濃度や反応性に合わせて,触媒の種類や反応条件が決まる。重質な留分ほど高触媒能で,より過酷な反応条件(高温,高圧)が要求される。さらに,留分によっては薬品による不純物の除去工程や引火点などの蒸留性状の調整工程などを経て,製品の基材(半製品)として中間タンクに留出・貯蔵される。

最後に,種々の工程から生産された基材は各製品の規格を満足するように混合され,最終製品として製品タンクに製造される。

以上は基本的な生産フローであるが,原油の種類によって製品の収率が決まるため,需要の多いガソリンや灯軽油など(白油)を需要に見合う量だけ製造するためには,重質留分を分解反応によって必要な留分に分解したり,軽質留分を合成したりする必要がある。代表的な白油増産装置として,触媒により,おもに減圧軽油留分を高温で分解して高収率のガソリン基材を得る**流動接触分解装置**(**FCC**:fluid catalytic cracking)や,おもに減圧残渣留分を高温で熱分解して石油コークスや中間製品留分を得る**熱分解装置**(delayed coker)が

7.2 石油精製プロセスにおける応用

挙げられる。また，アルキレーション装置では，FCC 装置から副生されるブチレンを主原料として，濃硫酸等の触媒を使ってパラフィンリッチなオクタン価の高いガソリン基材を合成する。

そのほかには，水素化精製された低オクタン価のガソリン留分を芳香族リッチな高オクタン価のガソリン基材にアップグレードする**接触改質装置**がある。さらに，この基材を分離・反応によって石化原料であるベンゼン，トルエンやキシレンを製造する場合もある。

主たる製造フロー以外の工程では，環境対策のため各留分から除去された硫黄を溶融硫黄として回収する**硫黄回収・排煙脱硫装置**や，燃料ガスや水素化精製装置で使用される水素を製造する**水素製造装置**などがある。

各製油所では，処理する原油の種類や製品の構成によって，おもに上記で述べた工程が最適に組み合わされている。**図 7.1** は石油精製工程の一例である。

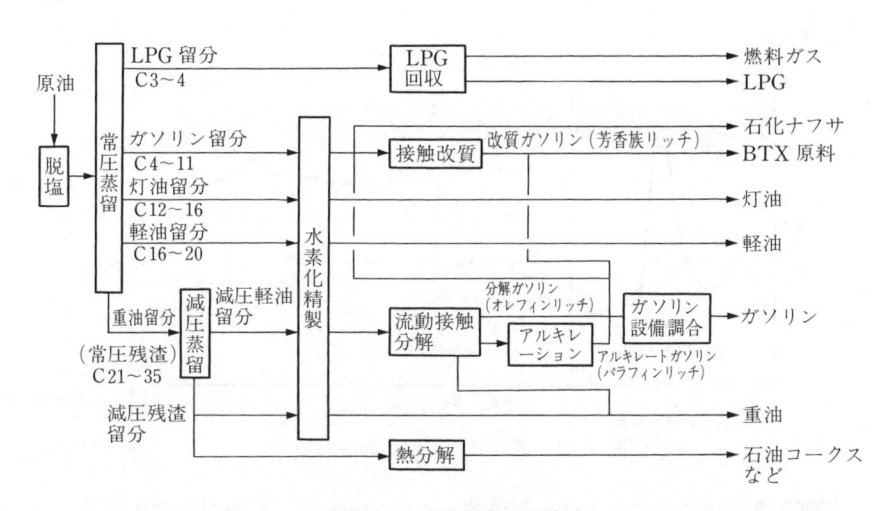

図 7.1 石油精製工程例

7.2.2 石油精製プロセスにおける制御の目的

石油精製プロセスは，危険物を処理することに大きな特徴がある。運転状態

7. 応 用 － プロセス制御の実際 －

が機器の設計条件から外れることは，外部漏洩，爆発・火災につながる危険性がある。このような事故防止の観点から「安全・安定運転」を行うことが制御の第1の目的である。また，第2の目的は少人数運転，省エネルギーなどの運転コスト低減や製品得率の向上を目指した「効率運転」を行うことにある。

従来，プラントの運転は PID 制御をおもに用いて「安全・安定運転」のために自動運転が行われ，その設定値を運転員が最適に設定することにより「効率運転」を達成してきた。最近は電子計算機の発達により，より複雑な制御ロジックを構築し高度な安定化制御や最適化制御が可能となり，PID 制御の設定値を上位計算機から与える形での「効率運転」の自動化が進められている。

図 7.2 は，プラントの安定化がどのように効果につながるかを示したものである。制御変数の変動が大きい場合は上限値から外れないように運転するために設定値（平均値）は上限値に対し余裕を大きく持つ必要がある。変動が小さい場合は設定値を上限値ぎりぎりに設定できるため，運転の限界に迫ることができる。

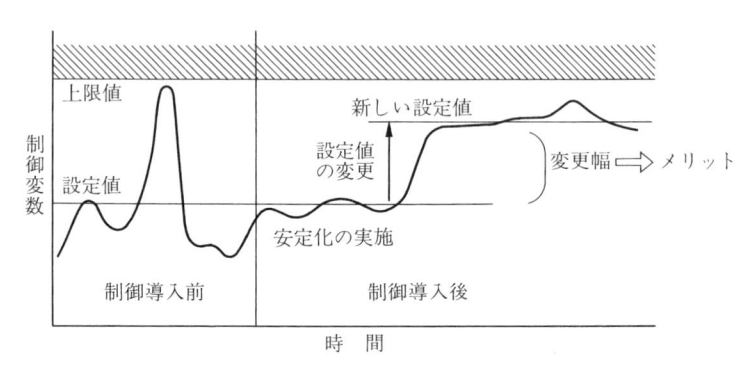

図 7.2 プロセス安定化のメリット

制御変数が機器の設計条件に対応するものであれば，処理量の増加あるいは反応条件の改善などにつながる。また，制御変数が製品の品質に対応するものであれば過剰品質を防止することができ製品の得率向上に寄与する。

7.2.3 石油精製プロセスの制御例

本項では石油精製プロセスでは一般的な加熱炉，および蒸留塔について，その効率運転の制御例を示す．

〔1〕 加熱炉の制御例

1）パスバランス制御　一般的に加熱炉には複数の加熱管（パス）があり，各パスの流量が調整できるようになっている．また，被加熱流体の加熱炉出口温度は燃料の流量により制御される．各加熱管は設置位置，バーナー位置等の要因で加熱効率が微妙に異なってくる．つまり，被加熱流体の流量を各パス同一にすると，各パスの加熱炉出口温度は異なってくる．総合熱効率は，各パスの出口温度が同一になるように各パスの流量を制御することが最も高くなり，省エネルギーにつながる．

図 **7.3** に 2 パス加熱炉のパスバランス制御フローを，図 **7.4** にその制御結果を示す．通油量を一定に保つ必要性から

$$F_1 + F_2 = 一定$$

の条件で流量分配ロジックが組まれている．

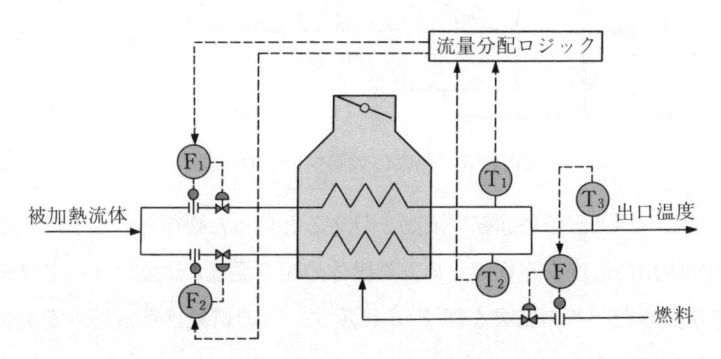

図 **7.3**　加熱炉パスバランス制御フロー

2）熱媒体加熱炉の安定化制御　図 **7.5** に熱媒体加熱炉のフロー例を示す．

このような加熱炉の場合，循環してきた熱媒体の温度は熱媒体使用プロセス（蒸留塔）の影響を受け，加熱炉出口温度が安定しない．また，加熱炉出口温

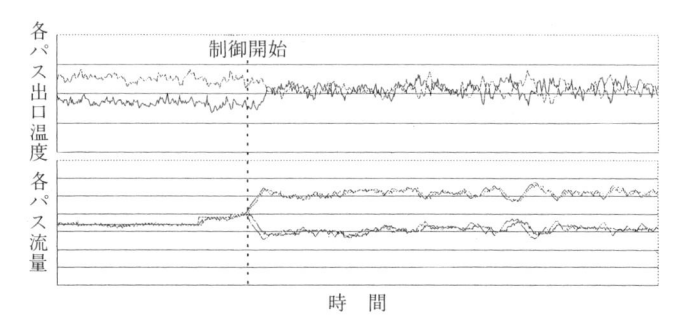

図 7.4　パスバランス制御結果

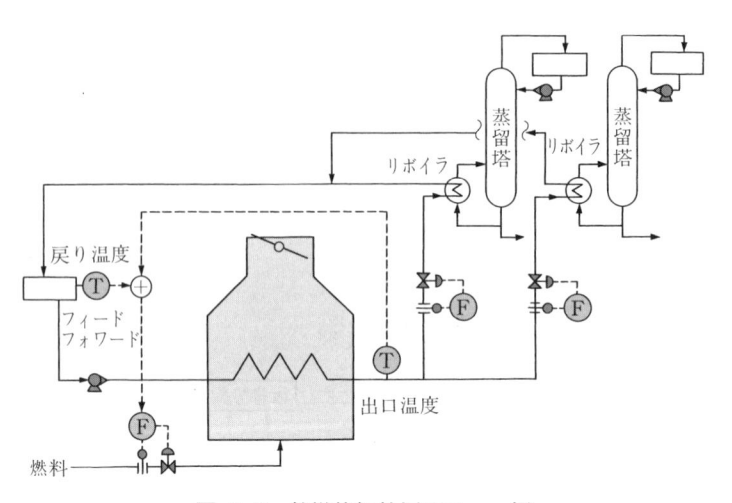

図 7.5　熱媒体加熱炉のフロー例

度が安定しないと蒸留塔運転に変動を与えるといった悪循環になる。この例では，加熱炉出口温度安定化のため，熱媒体の戻り温度によるフィードフォワード制御を試みた。その結果を図 7.6 に示す。この結果は蒸留塔の安定化に大きく貢献している。

〔2〕　蒸留塔の制御例

1)　一般的蒸留塔制御

蒸留塔制御の意義

石油精製プロセスの中で，蒸留は分離操作として最もポピュラーな手段であり，かつ一連のプロセスフローの中で最終製品に直結する段階に位置すること

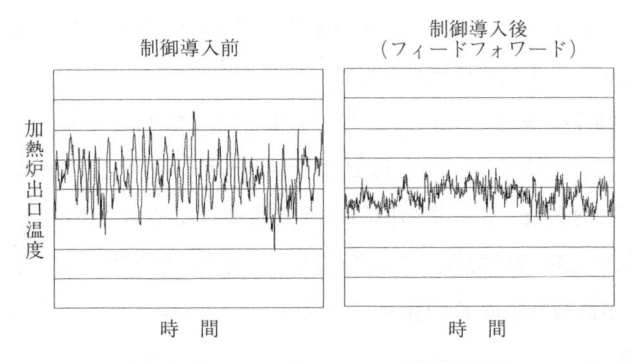

図 7.6 フィードフォワード制御結果

が多い。また，蒸留は大量のエネルギーを消費する操作でもある。したがって，品質確保や省エネルギーの観点から，制御が重要な役割を果たしている。

蒸留塔の動的挙動と制御の特徴
（1） 自由度（操作変数，制御変数の数）が多い。
（2） 蒸留塔内には気液接触のためのトレイが数多くあるのに加え，液蒸気の系内での移動速度およびそれぞれの滞留量が異なるため，応答が複雑である。
（3） 複数の制御ループ間で相互干渉が存在する。
（4） 入力信号と出力信号が線形でない。
（5） 制御すべき製品品質についての連続式オンライン分析計があるとはかぎらない。

このように蒸留塔は複雑な動的特性をもつため，単なるフィードバック制御だけでなく，比率制御，予測制御さらには **DMC**（dynamic matrix control）に至るまで，さまざまな手法が蒸留塔の制御に応用されている。

制御変数と操作変数
蒸留塔制御の目的は以下のとおりである。
（1） 蒸留塔の運転を安定化すること。
（2） 規格（品質，収率，回収率など）にあった製品を得ること。
（3） 上記二つを最も効率よく行うこと。すなわち，機器能力の制限を考慮

して，最小のエネルギー消費量で高付加価値の製品を最大限に回収するよう制御系が構築されなければならない。

例として図 7.7 のように，A と B との混合原料を連続式の蒸留塔で分離する系について考える。ここで A は B より沸点が低いとする。蒸留塔はコンデンサとリボイラ付きで，塔頂の製品は A が主成分で液体で抜き出され，塔底の製品は B が主成分である。この蒸留塔の目的は，塔頂製品中の A の純度が a ％以上，塔底製品中の B の純度が b ％以上という規格で A と B とを分離することにある。

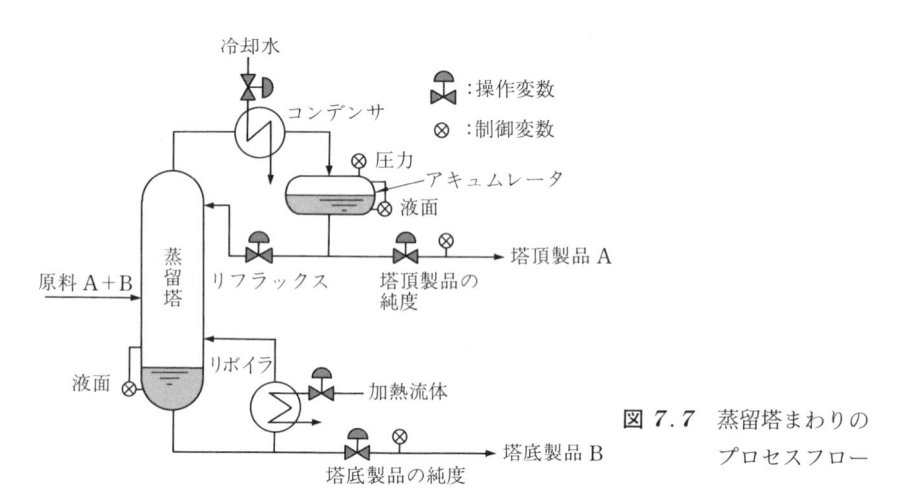

図 7.7 蒸留塔まわりのプロセスフロー

この系の自由度は 5 である。これは，制御変数と操作変数がそれぞれ五つずつあり，制御変数五つの条件を決定すれば，この蒸留塔の運転条件は自動的に決定されることを意味する。

五つの操作変数のうち三つは系内の物質量を制御するために用いられ，残りの二つで製品の品質を制御することになる。

制御変数と操作変数をまとめるとつぎのようになる。

制御変数　・塔底の液面（系内の物質量）
　　　　　　・アキュムレータの液面（系内の物質量）
　　　　　　・塔内の圧力（系内の物質量）

- 塔頂製品中のＡの純度（製品の品質）
- 塔底製品中のＢの純度（製品の品質）

操作変数
- 塔頂製品の流量
- 塔底製品の流量
- リフラックス流量
- コンデンサでの熱除去量
- リボイラでの熱供給量

制御ループの構築

つぎに，五つの制御変数と五つの操作変数をどのように組み合わせるかだが，理論的には5！＝120通りの組合せがある。どの組合せが最適かは，蒸留塔の動的特性や制限条件，あるいは外乱の種類や頻度などによって異なってくるが，制御変数への影響が大きく，応答が速いものが操作変数として選ばれるのが一般的である。上の例では，圧力制御の操作変数にはコンデンサでの熱除去量，塔頂製品の品質にはリフラックス流量あるいは塔頂製品の流量，塔底製品の品質にはリボイラでの熱供給量あるいは塔底製品の流量，などという組合せがふさわしいと考えられる。

ここで品質制御に関して，理想は塔頂と塔底の製品純度を同時に制御することであるが，このようにすると二つの制御ループが相互に干渉し合い，制御系の安定性を阻害する。したがって実際には，一方の製品の品質のみを制御ループに組み込むことが多い。例えば，塔頂の製品の品質はリフラックス流量で制御し，リボイラへの熱供給量は一定とする，などである。

また，実装置においては，製品純度を測定するオンラインアナライザが必ずしもあるわけではない。このようなときには，あるトレーの温度を制御変数として使用するのが一般的である（性状の推定方法については後述する）。なぜなら，液あるいはガスの組成と温度との間には関係があるので（同じ圧力下では低沸点の成分の比率が増えれば温度は下がる），適切な位置のトレーを選べば製品純度の変化がトレー温度の変化として検知できるからである。以上の考えに基づいて構築した制御ループの一例を図 7.8 に示す。

図7.8 蒸留塔制御ループの一例

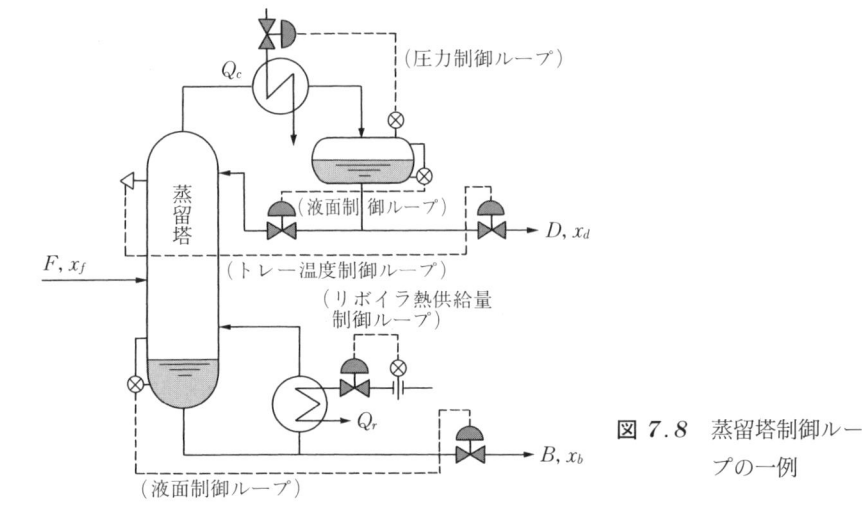

最後に，さまざまな操作変数がどのように関係しあうかを数式で示す。

物質収支　$F = D + B$ （7.1）

$$Fx_f = Dx_d + Bx_b \quad (7.2)$$

熱収支　$FH_f + Q_r = DH_d + BH_b + Q_c$ （7.3）

式(7.1)と式(7.2)とから

$$\frac{x_f - x_b}{x_d - x_b} = \frac{D}{F} \quad (7.4)$$

ここで，F：原料流量，D：塔頂製品流量，B：塔底製品流量，x_i：ストリーム i 中の低沸点成分のモル分率，H_i：ストリーム i のエンタルピー，Q_r：リボイラでの熱供給量，Q_c：コンデンサでの熱除去量である。

蒸留塔の制御系は，ある与えられた条件において，上記の式をつねに満たすように製品や用役の流量を調節弁により調節している。蒸留塔のおもな目的である製品の品質制御についていえば，式(7.4)は D/F が塔頂と塔底の製品の相対的な組成を決めていることを示唆している。したがって，例えば原料性状 x_f が変化した場合，逆に D/F を操作することで定められた規格の製品を得ることができる。

2) 蒸留塔の安定化制御例 フィードフォワードを用いて蒸留塔の安定化を実施した例として，脱プロパン塔の制御を示す．**図 7.9** は脱プロパン塔の制御構成である．

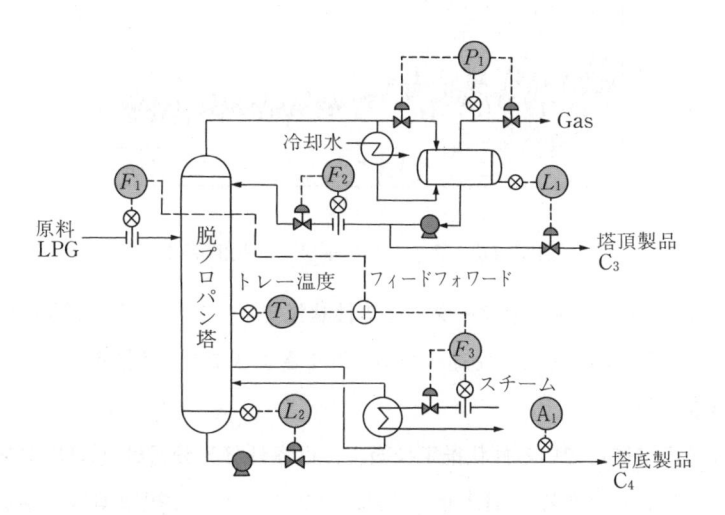

図 7.9 脱プロパン塔の制御フロー

原料であるLPGが脱プロパン塔へ張り込まれ，塔頂からC_3，塔底からC_4が抜き出される．塔内でC_3とC_4を分離するための制御変数はトレー温度T_1，操作変数はリボイラ加熱流体スチーム流量F_3である．また，塔底製品（C_4）の品質を把握するために，塔底へのC_3のリーク量をリアルタイムで分析するアナライザA_1が設置されているが，バッチ分析のため分析周期は20分であり，監視用として使用している．このプロセスの外乱は原料の組成・温度・供給量の変化などがある．

トレー温度に強く影響を与える因子の解析をした結果，原料供給量の変化と逆相関があることがわかった．そこで原料供給量をリボイラ加熱スチームの設定値にフィードフォワードすることにより，原料供給量の変化がトレー温度に影響する前に修正動作を開始させ，系の安定化を図った．

フィードフォワード導入前後における制御変数の変化を**図 7.10** に示す．トレー温度，塔底からのC_3リーク量ともに変動幅は約1/2に改善された．

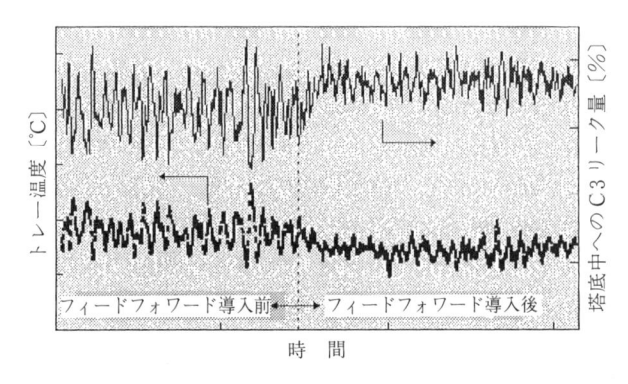

図 7.10 フィードフォワード制御結果

3） ニューラルネットワークによる性状推定　アナライザがない場合，トレー温度で代用することを述べたが，近年さまざまな性状推定方法が提案されている。

最近適用が進んでいる性状推定技術に，**近赤外分光分析計（NIR センサ）** とソフトセンサがある。NIR センサは，リアルタイムで複数項目を測定できるという長所がある一方，サンプル流体の温度変化や水分などの影響を受けない検量線をつくるという難しさがある。ソフトセンサは，温度，圧力，流量などの連続したプロセス測定値を使って，性状をリアルタイムに推定する方法である。代表的な推定モデルとしては以下のものがある。

（1） 理論モデル
（2） 多変量解析モデル
（3） ニューラルネットワークモデル

理論モデルは，物質・熱収支・圧力モデルや反応モデルなどを利用して，性状を推定するモデルである。このモデルにはさまざまな運転パターンに耐えられることが期待できる一方，モデルの維持に専門知識が必要である。

多変量解析モデルには，重回帰（**MLR**），主成分分析（**PCA**），部分最小自乗法（**PLS**）などがある。特に PLS は，変数間に共線性が多く見られる石油精製プロセスには有効なモデルであり，注目されてきている。

ニューラルネットワークモデル（neural network model）は，生物の神経

系の特徴的な機能に着目し，これをモデル化したものである．近年，さまざまな分野で応用例が報告され，その有用性に対する認識が定着してきた．生物の神経系は，多数のニューロンからなっているが，このニューロンのモデルとして以下の式が提案された．

$$X_i(t+1) = f\left(\sum_j W_{ij}X_j(t) - \theta_i\right) \quad (7.5)$$

ここで，X_j はニューロン j からの信号を，W_{ij} はニューロン j と i の結合強度（重み）を，θ_i はニューロン i のしきい値を表す．関数 $f(x)$ としては，以下の式で表される**シグモイド関数**が使われることが多い．

$$f(x) = \frac{1}{1-\exp(-x)} \quad (7.6)$$

ニューラルネットワークモデルは，ニューロンモデルをいくつか結合することによってつくられる．この結合の形態によって，さまざまなニューラルネットワークモデルを構成することが可能となる．しかし，実際の応用例の多くは，**階層構造ニューラルネットワークモデル**（multi-layered neural network model）と呼ばれる，入力から出力まで全て順方向のみに結合されているものを利用している．

このモデルをつくるためには，結合強度 W_{ij} に適切な値を設定することが必要となる．ニューラルネット学習は，ニューラルネットからの出力値と教師値を繰り返し比較することによって，結合強度を決定するプロセスである．学習方法としては，**逆誤差伝播法**（**Back Propagation 法**）やその改良法が有名である．

ニューラルネットワークモデルの長所としては，入出力間の非線形な関係を表現することができることや，モデル作成や更新などの維持コストが低いことが挙げられる．逆に短所としては，学習範囲外の入力に対する推定が大きく外れる傾向にあることが挙げられる．

ニューラルネットワークモデルを用いて性状推定モデルをつくるには，以下の手順を踏む．

1) データ収集：教師値（性状測定値）をサンプル試験データから抽出する。入力値（サンプル時のプロセス測定値）を運転データから抽出する。
2) モデル学習：教師値と入力値を使ってニューラルネット学習させることで，適切な結合強度を得る。
3) 性状推定：学習で得られたニューラルネットワークにプロセス測定値を入力すると，性状の推定値が出力される。これを連続的に実行することで，リアルタイムで性状の推定値を得る。

適用事例：流動接触分解装置（FCC）蒸留塔における製品性状の連続推定

FCC 装置の代表的な製品性状である 90％蒸留点とオクタン価（RON）の計測は，数日に1回のサンプル試験により行われていた。このため，性状の変動に対する運転操作が困難であり，品質規格に対して余裕をもった運転をしてきた。こうしたことから，運転上重要な製品性状を連続監視し，品質規格に近づけることによりガソリンを増産するため，ソフトセンサの開発を行なった。

90％蒸留点の推定モデルの入力には，蒸留塔まわりの状態変数を用いた。また，RON 値の推定モデルの入力には，蒸留塔の状態変数に加えて原料性状や分解反応の状態変数を用いた。さらに，各入力は滞留時間に応じて遅れをも考慮した。

図 **7.11** に 90％蒸留点，図 **7.12** に RON 値のソフトセンサ推定値とサンプル測定値をそれぞれ示す。両図とも性状推定値はサンプル測定値に近似した値になっている。したがって，これらの性状推定値は実際の品質の変化に追従しているものと評価することができた。

〔**3**〕 **モデル予測制御** 本項では，プロセス制御に広く活用されている**モデル予測制御**（**MPC**：model predictive control）の実用例を紹介する。モデル予測制御は，1970 年代に理論的というよりはむしろ経験的な生立ちをもって開発され，1980 年代以降 PID 制御と共存する形で実プラントに急速に普及していった。以下に実プラントで稼動しているモデル予測制御の特徴を列挙しておく。

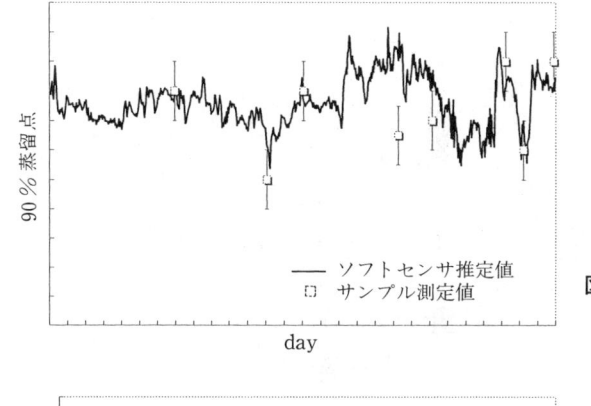

図 7.11 90％蒸留点推定結果

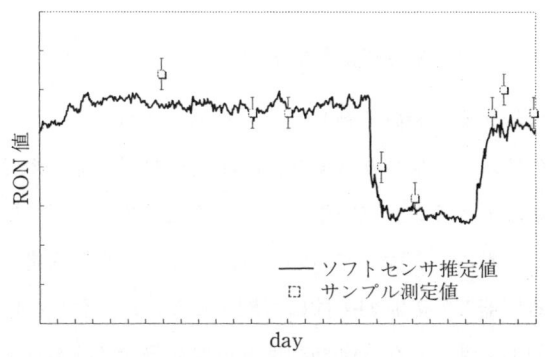

図 7.12 RON 値推定結果

（1） 多変数制御系である．
（2） 二次評価関数最適化問題を取り込んでいる．
（3） 制御周期は数十秒から数分程度である．
（4） 数百ミリ秒から 1 秒程度の制御周期である 1 入力 1 出力の PID 制御系（例えば，流量制御系や圧力制御系）に対し，制御周期ごとに設定値を設定する．

これらは，実用化されているモデル予測制御すべてに対して当てはまるものではないが，多くのものに該当するだろう．

図 7.13 に流動接触分解装置の概略フローを示す．同装置は石油精製における代表的な装置の一つであり，重油留分を原料とし，触媒環境下でこれを分解して LPG，ガソリン，軽油などの各留分を生産するものである．低付加価

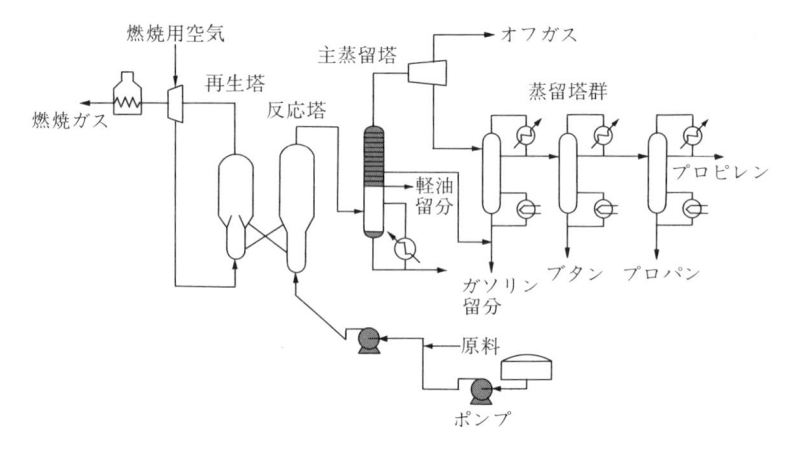

172　7．応　用 － プロセス制御の実際 －

図 7.13　流動接触分解装置の概略フロー

値原料を高付加価値製品に転化する装置であり，その稼働率は高い。

　制御系設計にあたっての要求事項はさまざまな製品規格を遵守したうえで，できるだけ多くの原料を処理できること（厳密にはできるだけ多くの高付加価値製品を生産できること）である。実設計においては，こうした明示的要求事項に加え，装置を構成する機器ごとの制約条件にも配慮しなければならない。また，被制御変数の目標値追従性や負荷変動抑制性も重要な概念ではあるが，これらは上位目的を達成するうえでの2次的な目的であることを理解しておく必要がある。

　反応塔に導入された原料は流動床触媒のもとで一気に分解され，そのまま主蒸留塔に導かれる。LPG，ナフサ留分は主蒸留塔で粗分離された後，製品規格を満足するための精密蒸留を繰り返し，さらには洗浄工程を経てタンクに留出される。一方触媒は再生塔に循環され，反応時に触媒上に生成したカーボンは再生塔に吹き込まれた空気により燃焼される。

　原料の処理量（供給量）を制限する要素は多数存在する。本項で実例を紹介する装置においても，触媒再生用空気を送り込む圧縮機の能力，主蒸留塔の通ガス通油能力，再生塔の上限圧力などなどの制約があった。

　圧縮機能力はベーン開度で制限されるとともに，結果は燃焼ガス中の酸素濃

度として表れる。通ガス通油能力の限界はフラッディングと呼ばれる事象となり，塔差圧などにより代替管理される。またこれらの能力値は再生塔の圧力により左右されるという相関性，干渉性を有している。

図 7.14 は実際の流動接触分解装置の主要運転データを約 2 箇月間に渡ってプロットしたものである。

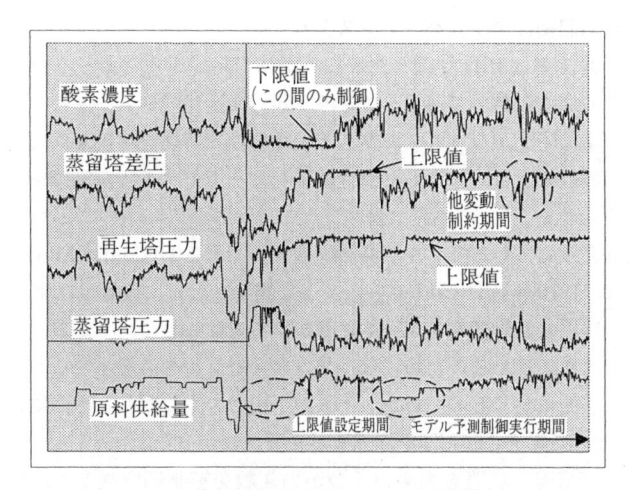

図 7.14　流動接触分解装置の主要運転データ

モデル予測制御適用後は，被制御変数である蒸留塔差圧や再生塔圧力，あるいは燃焼ガス酸素濃度の変化幅が減少しているだけでなく，制約上限（下限）値によく制御されていることがわかる。主蒸留塔圧力などの操作変数に加え，原料供給量も操作変数として取り扱われることにより，被制御変数の制約値の中で最大限まで増加していることが見てとれる。

破線取り囲み部分は，ほかの被制御変数が制約限界に達している状態，あるいは原料供給量自体に上限設定を行った状態である。このとき，塔差圧や再生塔圧力は上限値を下回る値で自由に変化している（詳細は省略するが，再生塔圧力は低いほうが省エネルギーとなる。原料供給量を増加させる場合は一部省エネルギーを犠牲にして最大化を狙っていることになる）。

紹介した変数は一部の例であり，事例装置においては，59 の被制御変数を

33の操作変数を用いて制御している。

― コーヒーブレイク ―

モデル予測制御はエキスパートシステム？

　モデル予測制御はPID制御と比較して優れた制御方式であろうか。最適レギュレータとの比較においてはどうであろうか。構造比較やシミュレーション比較などさまざまな研究がなされており，その類似性や特異性が説かれている。それでは実現場の技術者は，こうした研究結果をもってモデル予測制御を選択採用したのであろうか。

　今日最も普及しているモデル予測制御の一つであるDynamic Matrix Control (DMC)は，1970年代にCutlerらによって開発された。彼等は，干渉系であるプロセスの現場の制御問題を現実的に解決する方法として，多変数を扱えることが必須と考えた。またそのためには，プロセスモデルを活用することが有効であることを経験的に感じとっていた。1入力1出力の系に対して十分に普及しているPID制御を凌駕する制御器を開発する必要はなかった。

　蒸留塔や反応器の状態を表すいくつかの変数を被制御変数とし，数々のPID制御系を操作変数として使用し，相互間の動特性応答モデルを活用することにより制御する。こうしたアイデアを具体化するためにはいくつかの工夫が必要であった。

　個々の操作変数の単位変化量にコストを設定することにより，プロセスモデルのゲイン値と被制御変数に与えた上下限などの制約条件から最適計算による設定値の自動計算を可能としたこと，操作変数を過渡に変化させないための**変動抑制** (move suppression) **機能**を作り込んだことなどは特筆に価する。

　こうした工夫により，個々の被制御変数に設定値や参照軌跡を与える必要もなく，製品規格上あるいは機器性能上の制約条件のみ設定することにより，多変数系の自動制御が可能となった。このことは実際の装置運転要求と非常によく合致している。

　現場に浸透する技術とは現場にとって使い勝手のよい技術である。モデル予測制御が今日ほどに普及した最も大きな理由は，モデル予測制御自体が，実際の制御問題を解決する過程でエキスパートにより開発されたシステムであるからかもしれない。

7.3 鉄鋼プロセス制御

7.3.1 鉄鋼プロセスの概要[1]

鉄鋼製造プロセス，一貫製鉄所の主要工程は，鉄鋼石（酸化鉄）を石炭（コークス）を使って還元し銑鉄を作る製銑工程，銑鉄を脱炭素したり成分調整したりして鋼片を製造する製鋼工程，得られた鋼片を使用目的に応じた形状，寸法，強度の鋼材に加工し，精整梱包する圧延工程に分かれる。このほか共通的なエネルギー，輸送などのプロセスがある。その製造フローを図 7.15 に示す。

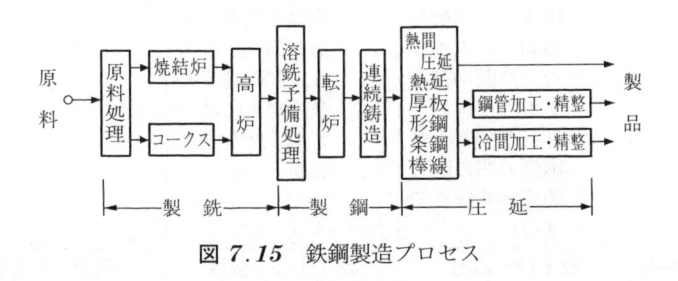

図 7.15 鉄鋼製造プロセス

製銑工程は，焼結炉，コークス炉，高炉からなり，粉粒体，エネルギーを大量に扱う連続的プロセスで，配合や反応系が制御の対象である。ここでは計画管理面での大量情報処理，計装制御が主流を占めており，リアルタイム性は比較的低いが情報量は大きい。

製鋼工程は，転炉，連続鋳造設備からなり，高温，大重量の流体，個体を扱うバッチ的プロセスで，ダイナミックな反応，冷却などのモデル制御のほか，レベルや速度などの駆動制御が必要である。

圧延工程は，製品系列別の圧延プロセス，熱延，冷延，厚板，形鋼，条鋼などからなり，高温（熱間）または常温（冷間）の個体を連続的またはディスクリートに扱い，電気的駆動制御が多用されて重量物を高速に搬送し，数 μm オーダの加工を行うことなどからミリ秒オーダのレスポンスが要求される。

冷延板の熱処理や表面処理ラインにおいては，高精度な板温制御のために制御モデルと計装制御系，電気制御系が一体となって機能している。

表 7.2 に各工程のプロセスの特徴と代表的な制御手法をまとめる。

表 7.2　鉄鋼プロセスの特徴と制御手法

	製銑・製鋼工程	圧延・処理工程	精整・検査工程
プロセスの特徴	(1) 熱反応，化学反応が主体 (2) プロセスモデリングや同定が難しい ・プロセスの特性が時間とともに変化する ・操作端と制御量の間に，大きなむだ時間が存在する ・外乱要因とその影響の間の因果関係が明確にできない	(1) 圧延加工が主体。ただし，温度制御などについては製銑・製鋼工程に同じ (2) プロセスモデリングは，一応できている ・原因と結果の関係は明確である。制御精度・機能向上にはモデルの厳密化が必要	(1) 機械化とセンシングと評価が主体 (2) 人間の五感・特性に依存するところが大 (3) 物流が複雑
応答時間	数十秒～数分	数ミリ秒～数秒	数秒～数十秒
制御手法	・動的モデルによる最適化 ・静的モデルによる最適化 ・知識工学，ファジィ制御，ニューロ，事例ベース制御	・古典制御理論 ・現代制御理論 ・ロバスト制御理論	・ロボット制御 ・シーケンス制御，離散事象制御 ・知識工学，ファジィ制御，ニューロ ・GA

このように，鉄鋼プロセスには，(1) 操業停止ができない製銑工程のような 24 時間連続運転に耐えうる信頼性，(2) 大規模設備ゆえの大量情報処理，(3) 圧延設備に見られる高応答性，さらに，(4) 製造プロセスの複雑さによる安定操業およびつくり込みの難しさ，(5) 大重量物を制御するにもかかわらずマイクロオーダという制御精度の要求の高さ，などがある。

7.3.2 熱延板厚制御

図 7.16 に熱延プロセス，図 7.17 に仕上圧延機の代表的な制御である熱延板厚制御とルーパ張力制御を示す。ここでは2スタンドで示しているが，実際は5スタンドから7スタンドのタンデム構成となる。

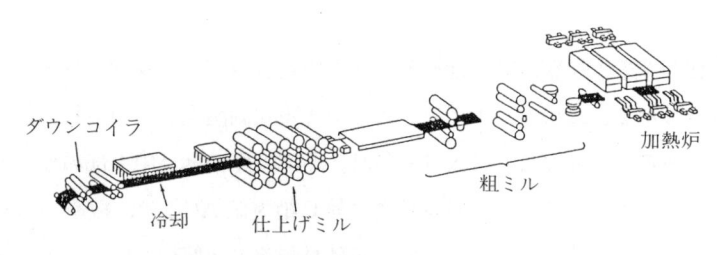

図 7.16 熱延プロセス

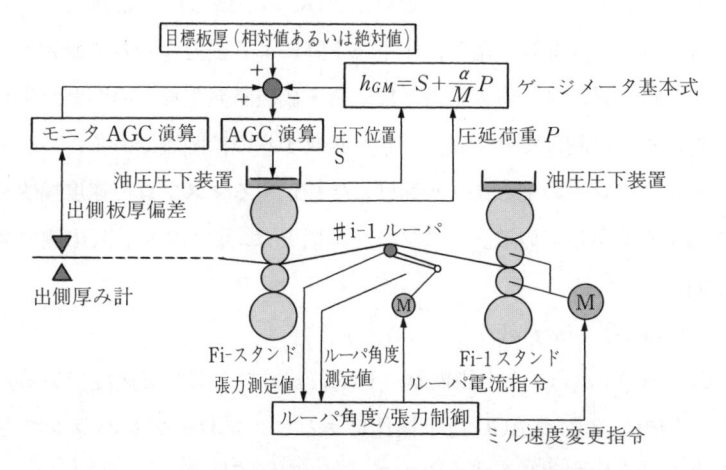

図 7.17 熱延仕上板厚・ルーパ張力制御

〔1〕 **熱延板厚制御**[2)] 各スタンドのAGCでは，ゲージメータ（GM）演算により板厚を推定し，それとAGC目標値との偏差に応じて圧下位置を修正する。AGC目標値の与え方により，AGCは大きく以下の2種類に分けられる。

1） 相対値ロックオン＋モニタAGC方式 相対値ロックオン＋モニタAGC方式は，制御開始時のGM板厚の平均値（ロックオン値）を算出して

AGC目標値とする方式である。さらにこの目標値を仕上出側板厚計測値をもとに修正（モニタAGC）することで板厚を設定値に制御する。

2）絶対値＋モニタAGC方式　絶対値＋モニタAGC方式は，出側板厚設定値をそのままAGC目標値とし，それをモニタAGCにて修正する方式である。

圧延材頭部の板厚精度は，通板前の仕上圧延機設定（セットアップ）に左右される。しかし，このセットアップは仕上ミル入側温度などの情報に基づく予測制御であるため往々にして大きく外れ，頭部板厚精度は中央部の板厚精度に比べて著しく劣化する。この板厚外れに対し絶対値AGCは，板厚を速やかに制御することが可能であることから，圧延材頭部の板厚精度向上に大きく貢献すると考えられる。しかし，この絶対値AGCの急激な圧下動作は，スタンド間のマスフローバランスを乱し，圧下急下降による張力ゆるみや過大ループの発生，圧下急上昇による過大張力，幅落ち・板破断発生などの問題が生じる。このとき，ルーパ制御だけで張力変動を吸収するのは困難であるため，圧下動作によるマスフローの乱れをミル速度にて補正する**マスフロー速度補償**を，圧延材頭部より適用している。マスフロー補償とは，iスタンド入出側マスフロー一定則

$$H(i)V(i) = h(i)v(i) \tag{7.7}$$

（ここで，$H(i)$，$h(i)$：入出側板厚，$V(i)$，$v(i)$：入出側板速度である）をもとに，入側板厚変動やAGC圧下操作によるマスフローアンバランスを補正し，張力変動を抑制するためのiスタンド速度補正量

$$\frac{\Delta VR(i-1)}{VR(i-1)} = \frac{\Delta VR(i)}{VR(i)} + \frac{\Delta h(i)}{h(i)} - \frac{\Delta H(i)}{H(i)}$$
$$+ \frac{\Delta f(i)}{1+f(i)} \frac{\Delta f(i-1)}{1+f(i-1)} \tag{7.8}$$

をGM板厚，先進率演算結果より求め（ここで，$VR(i)$：iスタンドロール周速，$f(i)$：iスタンド先進率である），ミル速度を操作することでスタンド間張力の安定性を確保するものである。

ミルモータ AC 化による速度制御系高応答化，マスフロー速度補償の適用により張力系が安定化され，図 7.18 のように板厚精度の飛躍的な向上が実現されている．

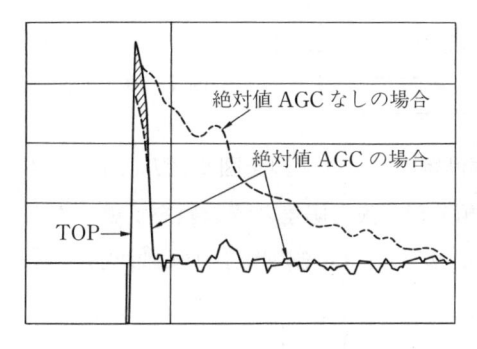

図 7.18 絶対値 AGC の板厚実績

〔2〕 **スタンド間張力・ルーパ高さ制御**　仕上げ圧延機において，高い製品品質を確保し，安定な操業を実現するために圧延材の張力を適正に制御する必要があり，ルーパ制御が行われている．ルーパの構造とルーパの制御系の概要を図 7.19 に示す．**スタンド間張力・ルーパ高さ制御**は，制御量としてスタンド間張力とルーパ角度，操作量としてルーパトルクとロール周速度を制御するもので，各製鉄所でさまざまな制御系が開発されている．

1）**非干渉制御**　非干渉制御は，相互干渉するルーパ系と張力系を前置補償形のクロスコントローラにより非干渉化し，それぞれ別々の PI コントローラにより制御する方式である．図 7.20 にそのブロック図を示す．

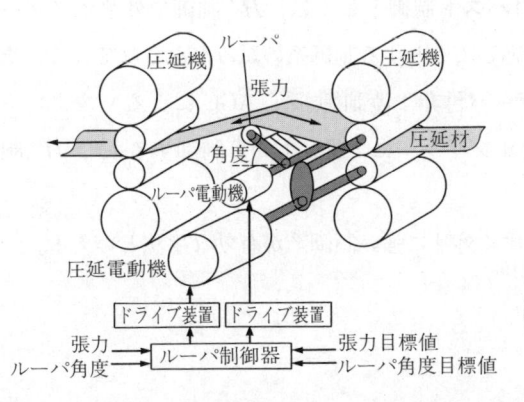

図 7.19　ルーパの構造とルーパの制御系

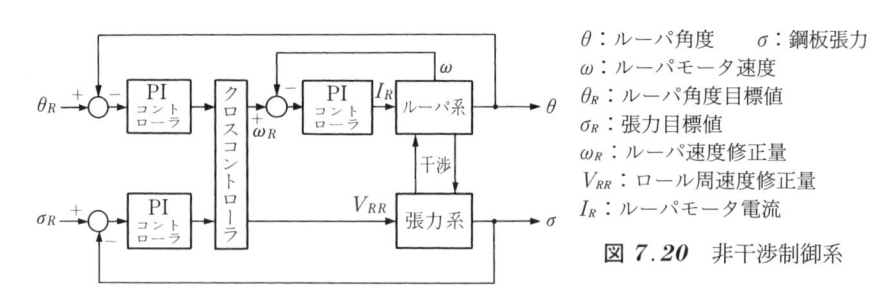

180   7. 応 用 － プロセス制御の実際 －

θ：ルーパ角度　　σ：鋼板張力
ω：ルーパモータ速度
θ_R：ルーパ角度目標値
σ_R：張力目標値
ω_R：ルーパ速度修正量
V_{RR}：ロール周速度修正量
I_R：ルーパモータ電流

図 7.20　非干渉制御系

2) 最 適 制 御[3]　最適制御のブロック図を図 7.21 に示す。本制御は θ, σ, ω, V_R, 角度偏差の積分値，張力偏差の積分値を状態ベクトル x とし，ω_R と V_{RR} を入力ベクトル u とし，LQ 制御により制御する。

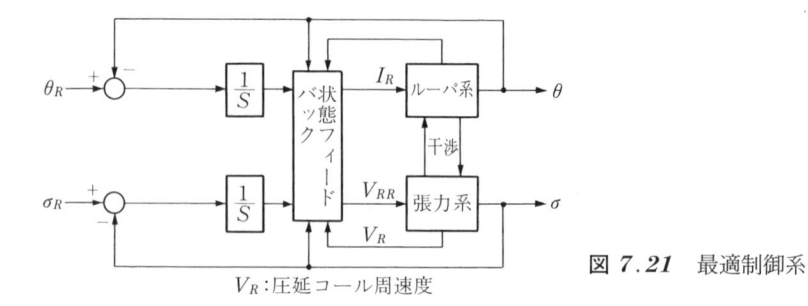

V_R：圧延コール周速度

図 7.21　最適制御系

3) ILQ 制御[4]　ILQ 制御は，極配置を指定することにより閉ループ系の応答を指定できる。また調整係数をもち，その値を調整することで閉ループ系の応答を指定応答に近づけるなど，現場での調整が容易である。

4) ロバスト制御　ロバスト制御としては，H^∞ 制御や外乱オブザーバを用いて外乱に積極的に対応しようとする制御系の試みがなされている。それらの例として，外乱オブザーバ付非干渉制御[5]系，AGC によるマスフロー変化を速度外乱としてとらえオブザーバにて推定し FF 制御する系[6]，H^∞ 制御系[7]，IMC 制御[8]がある。

これらの中で，調整しやすく外乱に強い制御系が有効な手法といえる。

7.3.3 冷延形状制御

冷延形状制御のプロセスを図 7.22 に示す。本設備は，高品質，多品種，高生産，高度の自動化を図った最新鋭の高機能ミルで完全連続圧延機である。

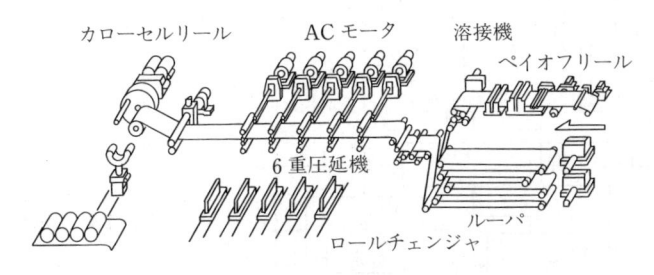

図 7.22 冷延形状制御のプロセス

板厚，形状，クラウンに対する高制御性を有する 6 Hi UC ミル，油圧圧下と主機駆動系への高性能交流可変速技術を採用している[9]。

近年，冷延鋼鈑の形状（平たん度）や幅方向板厚精度に対する要求は，ますます激しくなっている。板形状は需要家の品質要求を満たすために重要であるばかりでなく，次工程の安定操業のためにも重要な課題である。このような品質向上の要求に応えるために，5 スタンドの 6 Hi UC（6 重ウルトラコントロール）ミルからなる冷間タンデムミル高精度形状制御システムについて述べる。

制御システム　　形状制御システムは，図 7.23 に示すように，各スタンドの WR ベンダ，IMR（中間ロール）ベンダおよび IMR シフトをプリセットする設定と，No.5 スタンド出側の形状計の信号に基づいて No.5 スタンドの WR ベンダ，IMR ベンダおよび圧下レベリングをフィードバック制御する動的制御とからなる。ここで，形状計は板幅方向の張力分布を検出して形状信号（張力表示の伸び率差）に変換する形式である。

形状計で検出された板の形状は，図 7.24 のように板幅方向の伸び率差分布（張力表示）で表される。この伸び率差分布は最小二乗法によって，以下の式 (7.9) に示す 4 次関数 $f_s(x)$ で近似された後，式 (7.10) によって板幅中央

図 7.23 冷延形状制御システム

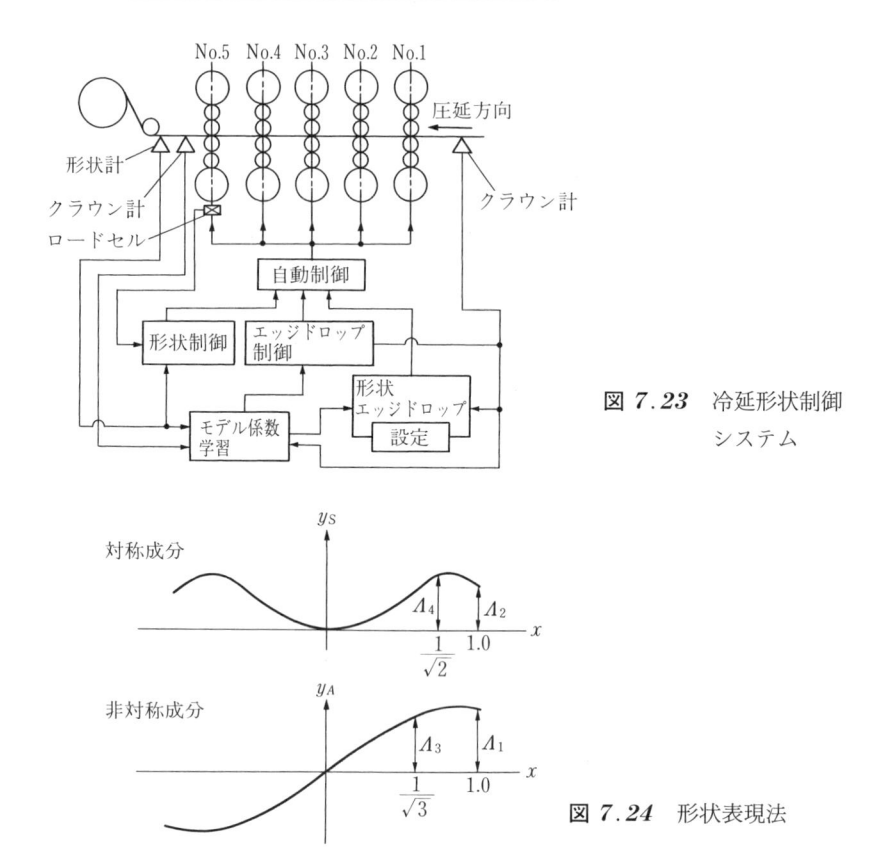

図 7.24 形状表現法

に対して対称な成分 Λ_2, Λ_4 と，非対称な成分 Λ_1, Λ_3 の 4 個の変数で形状が表現される[10]。

$$f_s(x) = \lambda_0 + \lambda_1 x + \lambda_2 x^2 + \lambda_3 x^3 + \lambda_4 x^4 \quad (-1 \leq x \leq 1) \quad (7.9)$$

ここで，x は板幅方向の位置を表す座標変数で，両端が±1になるように正規化している。

対称成分および非対称成分は，次式となる。

$$\Lambda_2 = \lambda_2 + \lambda_4, \quad \Lambda_1 = \lambda_1 + \lambda_3,$$
$$\Lambda_4 = \frac{1}{2}\lambda_2 + \frac{1}{4}\lambda_4, \quad \Lambda_3 = \frac{1}{\sqrt{3}}\lambda_1 + \frac{1}{3\sqrt{3}}\lambda_3 \quad (7.10)$$

形状の対称成分の制御は WR ベンダ，IMR ベンダおよび IMR シフトで行われ，形状の非対称成分の制御は圧下レベリングによって行われる。

形状の設定制御と自動制御に用いる形状の対称成分 Λ_2 と Λ_4 の制御用数式モデルは，冷間圧延の板形状を数値解析モデルで計算し，その結果を線形近似することによって作成されている。

$$\Lambda_2 = C_{21}P + (C_{22}W + C_{23})F_W + (C_{24}W + C_{25})F_I + C_{20},$$
$$\Lambda_4 = C_{41}P + (C_{42}W + C_{43})F_W + (C_{44}W + C_{45})F_I + C_{40} \quad (7.11)$$

ここで，P は線荷重，F_W は WR ベンダ力，F_I は IM ベンダ力，W は板幅，C_{ij} ($i=2, 4$, $j=0, 5$) は定数である。

形状制御は，LQ 制御理論を適用している。ロールベンダの動特性は一次遅れで近似している。

$$x(k+1) = Ax(k) + Bu(k),$$
$$y(k) = Cx(k), \quad e(k) = r(k) - y(k) \quad (7.12)$$

ここで，$x = [F_W, F_I]^T$, $u = [\Delta F_W, \Delta F_I]^T$, $y = [\Lambda_2, \Lambda_4]^T$, $r = [\Lambda_{20}, \Lambda_{40}]^T$ であり，ΔF_W と ΔF_I は WR ベンダと IMR ベンダの操作量，Λ_{20} と Λ_{40} は Λ_2 と Λ_4 の目標値である。

式(7.12)を変形すると，式(7.13)で与えられるエラーシステムが得られる。

いま，式(7.14)で与えられる評価関数 J を最小にする制御入力 $V(k)$ は式(7.5)で与えられる。

$$X(k+1) = \Phi X(k) + \Psi V(k),$$
$$e(k) = HX(k), \quad V(k) = u(k) - u(k-1) \quad (7.13)$$

$$J = \sum_{j=1}^{\infty} [e(j+1)^T Q e(j+1) + V(j)^T R V(j)] \quad (7.14)$$

$$V(k) = -F_1 e(k-1) - F_2 [e(k) - e(k-1)] \quad (7.15)$$

したがって，ロールベンダの操作量 $u(k)$ は次式で与えられる。

$$u(k) = [\Delta F_W, \Delta F_I]^T = u(k-1) + V(k) \quad (7.16)$$

さらに，加減速時には圧延荷重が変動するため，次式のような荷重変動を補

正する制御モデルを用いている。

$$u(k) = [\Delta F_w, \Delta F_I]^T = \zeta D \Delta P \qquad (7.17)$$

ここで，ΔP は荷重変動，ζ はチューニング率である。

本章で述べた形状制御システムを実機に適用した場合の形状制御性を**図7.25**に示す。このときの制御周期は1秒である。データは，制御がある場合もない場合も，コイルの長手方向のトップ部とボトム部を含めた5箇所で測定された。制御がないときには，形状は目標値に対して急峻度換算で約1％外れる場合があるのに対し，制御の有る場合には形状はコイル全長にわたり，目標値に対して急峻度換算で±0.7％内に入る。

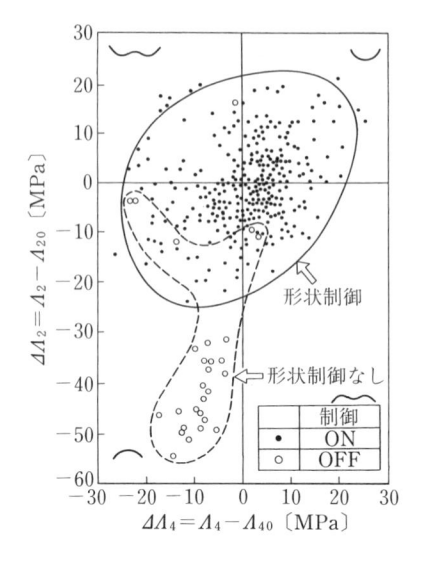

図7.25 形状制御システムの制御性能（伸び率差の張力表示）

7.3.4 棒鋼の寸法制御[11)～14)]

〔**1**〕**棒鋼・線材圧延制御のプロセス**　棒鋼・線材圧延制御のプロセスは粗・中間・仕上げの列より構成され，通常それらは4から10の圧延スタンド列よりなる。ここではその中の一つの圧延機群を取り上げて検討の対象とする。圧延ロールは水平方向，垂直方向に交互に配置されており，中間・仕上げの列では，材料は圧延により円→楕円→円に断面形状を変えながら順次断面積

を減少させていく.材料の圧下される方向の直径を高さ,それと直交する方向の直径を幅と呼ぶ.棒線圧延では素材の温度外乱・寸法外乱,圧延基準状態の計算誤差などによる圧延状態のパススケジュールからのずれが,スタンド間張力,スタンド出側寸法変動を誘発し,これらが外乱としてさらに圧延列下流に伝達されていくことにより製品の寸法変動が生じることになる.したがって,棒線圧延の制御の目的は,ロール回転数,ロール間げきを操作することにより各スタンド間張力,最終スタンド出側寸法をできるだけ目標に近づけることにある.

図 7.26 に4スタンド連続圧延の概要を示す.

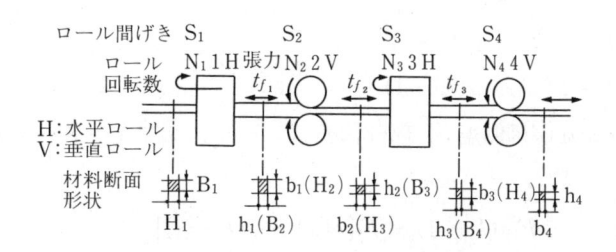

図 7.26 4スタンド連続圧延概略図

〔2〕 **圧延モデルおよび駆動系モデル** **圧延モデル**は非線形圧延モデルを基準状態のまわりで線形化,無次元化した状態方程式を用いる.ミル駆動系動特性として,ロール回転制御系を二次系近似,ロール圧下制御系を一次遅れ近似している.圧延モデルおよび**駆動系モデル**を組み合わせて,制御用の状態方程式を得る.

〔3〕 **棒鋼寸法制御** **棒鋼寸法制御**(張力制御+**GM-AGC**)は,操作端として最終4スタンドのロール間げきと各スタンドのロール回転数を選ぶ.また制御量として,各スタンド間張力および各スタンド出側材料高さとする.したがって,状態方程式は以下のようになる.

$$y(k) = Cx(k) + Fw(k),$$
$$x(k+1) = Ax(k) + Bu(k) + Ew(k) \qquad (7.18)$$

ただし

186　7. 応　用 － プロセス制御の実際 －

$$x(k) = [\Delta s_i{}^*(k), \Delta t_{fj}{}^*(k), \Delta N_j{}^*(k), \Delta N_j{}^*(k)]^T,$$
$$y(k) = [\Delta h_i{}^*(k), \Delta t_{fj}{}^*(k)]^T,$$
$$u(k) = [\Delta s_{ref,i}^*(k), \Delta N_{ref,j}^*(k)]^T,$$
$$w(k) = [\Delta T_{mi}{}^*(k), \Delta H_i{}^*(k), \Delta B_i{}^*(k)]^T$$

である。ここで，$i = 1, \cdots, n$，$j = 1, \cdots, n-1$（n：スタンド数），T は行列およびベクトルの転置，$*$ は無次元化量を表す。

$$J = \sum_{j=0}^{\infty}[e(j)^T Q e(j) + v(j)^T R v(j)] \qquad (7.19)$$

を最小にするような最適制御を考える。ここで，e は制御偏差，v は入力の差分で次式で与えられる。

$$e(k) = r(k) - y(k) = -y(k) \qquad (7.20)$$
$$v(k) = u(k) - u(k-1) \qquad (7.21)$$

制御入力 u を制御偏差 e，部分状態ベクトル x_s のフィードバックで実現される。

$$u(k) = -F_1 e(k-1) - F_2[e(k) - e(k-1)]$$
$$\qquad - F_3[x_s(k) - x_s(k-1)] + u(k-1) \qquad (7.22)$$

出側材料高さ偏差は，ゲージメータ式

$$\Delta h_i{}^* = \Delta s_i{}^* + \alpha \frac{\Delta P_i{}^*}{K_i{}^*} + \Delta h_{M,i}^*$$
$$\qquad\qquad\qquad\qquad (i = 1, \cdots, 4) \qquad (7.23)$$

で計算される。$\Delta h_{M,i}^*$ は出側寸法計の実測値を#3，#4スタンドに影響係数を用いて分配し，ゲインをかけて，積分して得られるモニタAGC補償項である。

図 7.27 に張力制御+GM-AGC+モニタ補償の制御系を示す。また，図 7.28 には制御なしのステップ応答を示す。

モデルミル実験装置での制御結果を示す。素材温度変化 $\Delta T_{m1} = -100\,°C$ +素材径変化 $\Delta H_1^* = \Delta B_1^* = 0.033$ のステップ外乱に対する応答を測定した。ここで，材料先端が入側寸法計で測定開始される時刻を $t = 0$ 秒とし

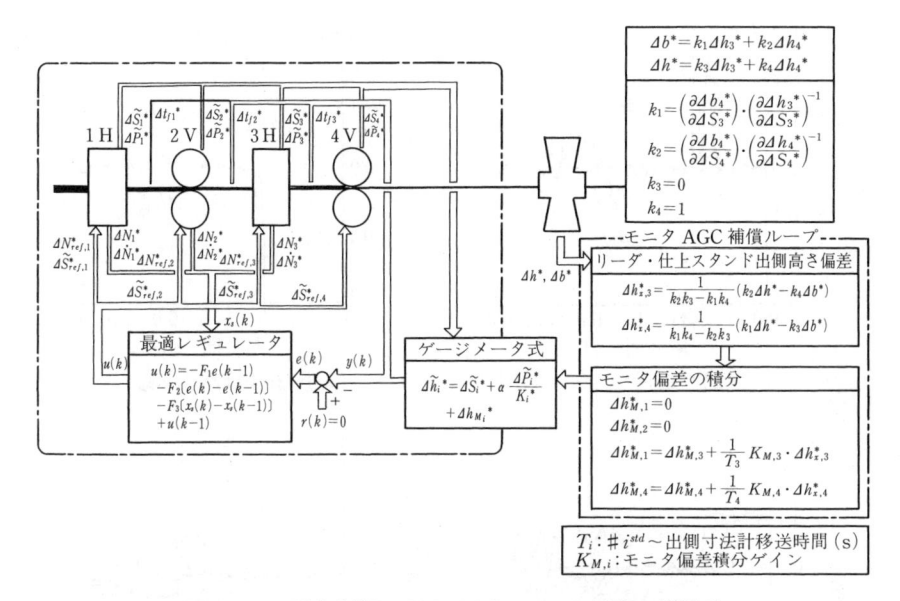

図 7.27 張力制御＋GM-AGC＋モニタ補償の制御系

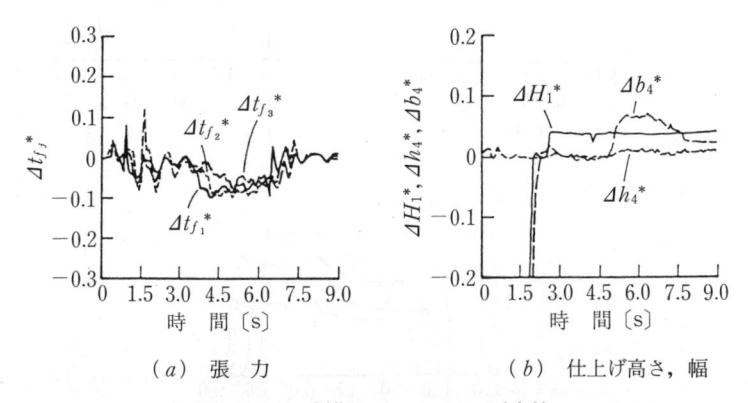

図 7.28 制御なしのステップ応答
(a) 張力
(b) 仕上げ高さ，幅

た。なお，$t=2$ 秒付近の張力の大きな変化は，材料のスタンドかみ込み時の機械的振動およびインパクトドロップ補償のため，材料かみ込み時をロール回転数を基準値より 8％高めに設定していることによるものである。

張力制御＋ゲージメータ AGC の制御結果を**図 7.29** に示す。圧延時間が短いため，張力が整定しないうちに制御が終了している。制御終了時刻（$t=$

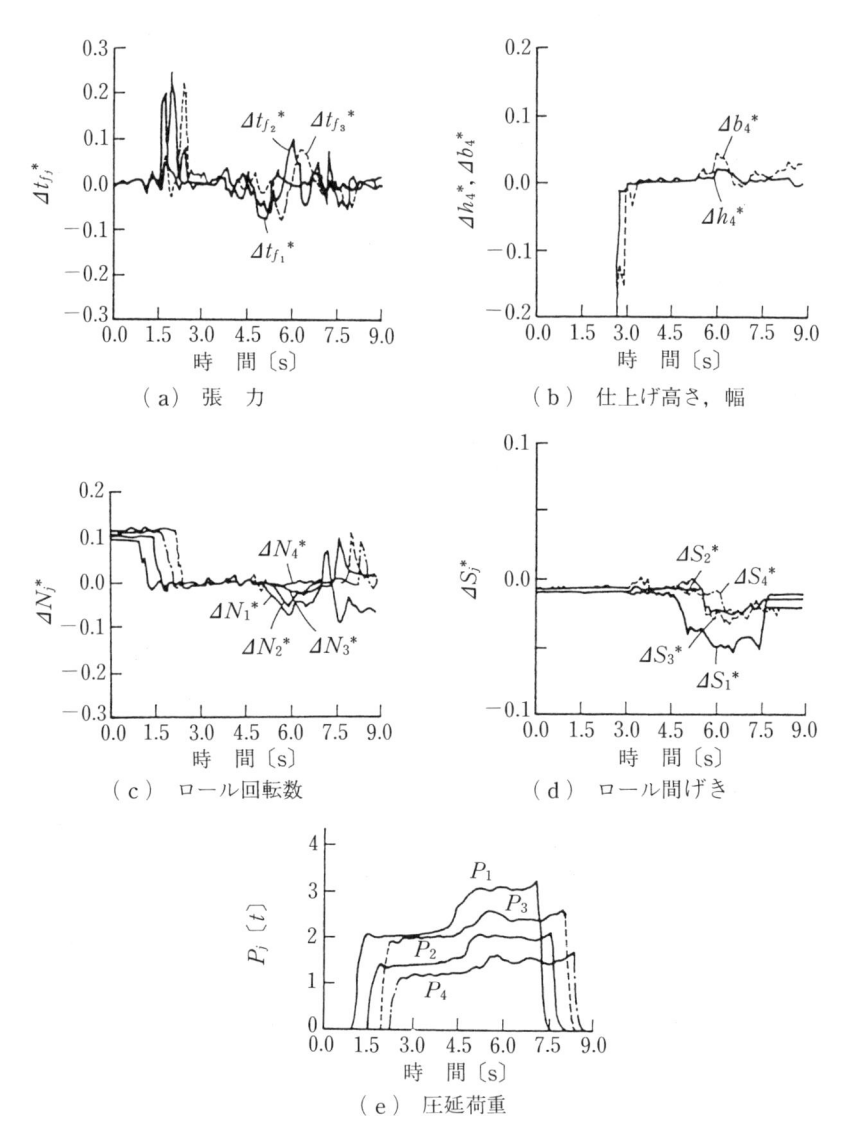

188   7. 応 用 — プロセス制御の実際 —

(a) 張 力

(b) 仕上げ高さ, 幅

(c) ロール回転数

(d) ロール間げき

(e) 圧延荷重

図 7.29 張力制御+全スタンド AGC のステップ応答

6.5, 7.0秒)近辺のデータを見ると,張力,仕上げ高さともオフセット=0に制御されていることがわかる。出側幅について,オフセット=0に制御されていることがわかる。

7.3 鉄鋼プロセス制御

線材の寸法制御[13),14)]では，ブロックミルを対象に FB+FF からなる AGC を実現している。

操作端として No.1, No.n スタンドのロール間げきを選び，制御量を最終スタンド出側の高さ・幅とその積分値としている。

7.3.5 熱延加熱炉制御[15)]

鋼片の**熱延加熱炉制御**では，各燃焼帯に存在する鋼片が所定の時刻に炉から抽出されるときに定められた抽出目標温度以上となるように，燃焼帯ごとに燃料流量または炉内雰囲気温度（炉温）の設定値を定める。

近年の操業の複雑化，多様化に対応した省エネルギー，加熱要求品質の確保を狙っている。

〔1〕 **鋼片昇温モデル** ΔT_s **と炉温変化モデル** ΔT_f　鋼片昇温モデル，炉温変化モデルなど，短時間における変動予測のための線形簡易モデルは，次式で表される。

$$\Delta T_{Sj}(t+1) = a_{Sj}\Delta T_{Sj}(t) + \sum_{n=i-1}^{i+1}\left\{\sum_{k=0}^{ms}b_{Snj}\Delta F_n(t-k)\right\},$$

$$\Delta T_{fi}(t+1) = a_{fi}\Delta T_{fi}(t) + \sum_{k=0}^{mf}b_{fi}\Delta F_i(t-k) \quad (7.24)$$

ここで j：鋼片番号，i：鋼片 j が存在する帯番号である。

〔2〕 **目標昇温曲線**　**目標昇温曲線**は制御の目標起動であり，余熱帯と燃焼帯で図 **7.30** のように設定される。目標昇温曲線のパラメータは，鋼片ごとに定めるもの（予熱帯装入実績温度，抽出目標温度および熟熱温度）と，最適化の対象になるもの（各曲線の傾き）とからなる。

〔3〕 **評 価 関 数**　時刻 t における制御の**評価関数** $J(t)$ は，抽出温度確保，偏熱抑制，燃料流量低減を狙いとして次式で定まる。

$$J = \sum_j\{\omega_{T1j}f_T(e_{T1j}) + \omega_{T2j}f_T(e_{T2j})\}$$

$$+ \sum_j\omega_{Dj}f_D(D_{Tj}) + \omega_F\sum_{u=t}^{te}\left\{\sum_i F_i(u)\right\} \quad (7.25)$$

ここで，u：将来時刻，t_e：対象末尾鋼片の抽出時刻，e_{T1}, e_{T2}：抽出時と

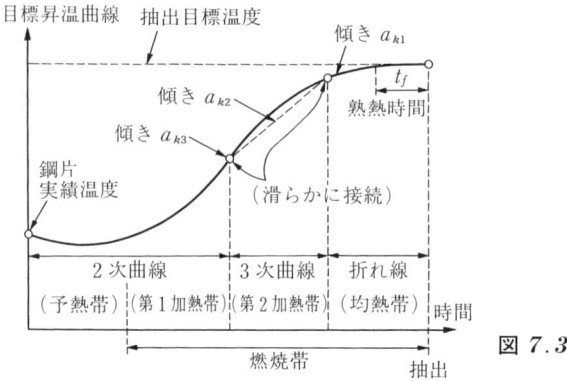

図 7.30 目標昇温曲線

熟熱開始時の鋼片温度の制御偏差,D_T:抽出時の鋼片内偏熱,F_i:帯iの燃料流量である。

〔4〕 **最適加熱制御** 図 7.31 に最適加熱制御の制御機能構成を示す。

機能1の実績処理・推定ブロックでは,プラント実績値(炉温,燃料流量,炉内鋼片位置,抽出予想時刻)を取り込み,加熱炉シミュレータにより鋼片・炉壁温度分布の推定値を求めている。機能2では鋼片温度追従制御を実施している。制御量は炉内各鋼片温度で,目標昇温曲線を目標に各帯の燃料流量 F_i を操作している。これはまず帯iに存在する各鋼片jに関して,所定時刻 t_r だけ後に制御量を目標値にほぼ一致させるのに必要な帯iの燃料流量 $F_{i,j}$ を一

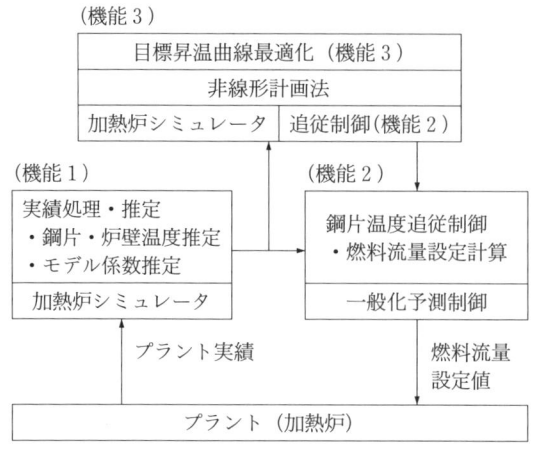

図 7.31 最適加熱制御の機能構成

般化予測制御により求める。

つぎに，$F_{i,j}$ の j に関する最大値を操作量 F_i とする。機能 3 の目標昇温曲線最適化では，目標昇温曲線パラメータの最適化を行う。現在の目標昇温曲線に対して，機能 2 と同様に燃料流量を求めながら，加熱炉シミュレータにより対象鋼片がすべて抽出されるまでの操業シミュレーションを行い，評価関数 J の値を求める。パラメータの値を種々変えたときの J の値をこの方法で繰り返し求め，最急降下法を用いて最適パラメータを求めている。

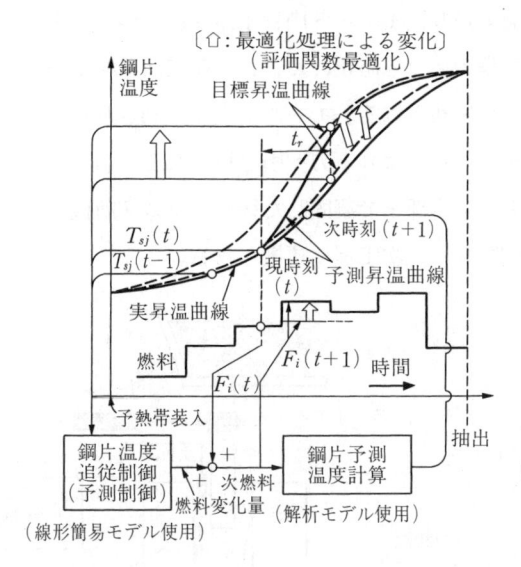

図 7.32 目標昇温曲線最適化処理

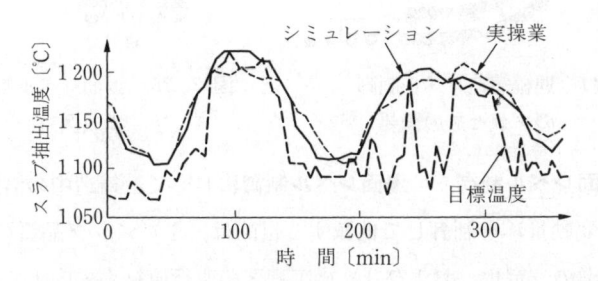

図 7.33 最適加熱制御シミュレーション結果

図 7.32 に目標昇温曲線最適化処理の説明図,図 7.33 に最適加熱制御シミュレーション結果を示す。

7.3.6 連続鋳造レベル制御

〔1〕 連続鋳造レベル制御のプロセス　図 7.34 に連続鋳造レベル制御のプロセスの概要を示す。取鍋で運搬された溶鋼は,バッファの役割をもつタンデッシュに注がれた後,モールド内に浸漬ノズルを通して供給される。矩形断面のモールドの内壁は銅製であり,モールド内は水冷されている。また,冷却効果向上と,モールドと溶鋼の焼付き防止,および溶鋼表面層酸化防止を目的としたパウダーが溶鋼表面に散布される。モールド内で冷却された溶鋼は,シェルを形成しながらピンチロールにより下方へ引き抜かれる。引き抜かれたスラブは,直接水冷により完全に内部まで凝固した後に,ガス切断機によりあらかじめ定められた長さに切断され,次工程に運搬される。

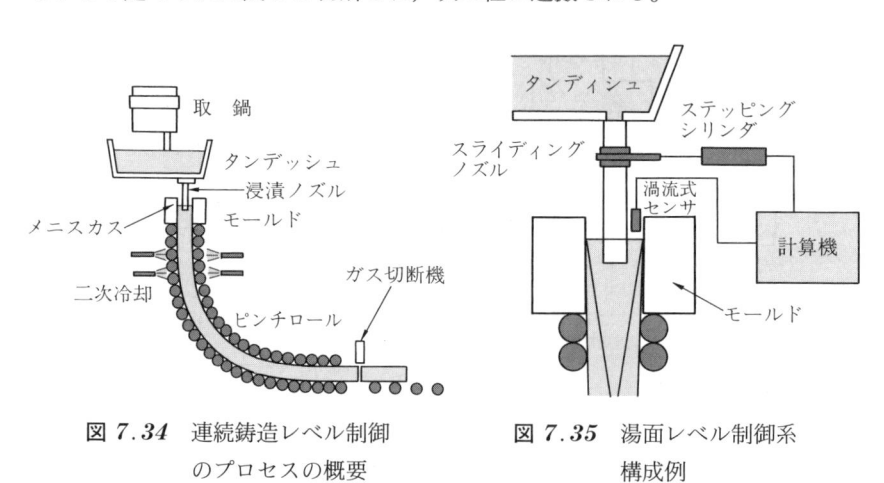

図 7.34 連続鋳造レベル制御のプロセスの概要

図 7.35 湯面レベル制御系構成例

〔2〕 湯面レベル制御　湯面レベル制御において,鋳造中の溶鋼レベル変動量(湯面変動量)を制御して低減する目的は,1)スラブ品質の向上,2)連続鋳造操業の安定化,および3)後工程との直行直結率の向上である。湯面変動は,スラブの初期凝固やメニスカス付近のパウダー挙動に影響するため,

7.3 鉄鋼プロセス制御

後工程で発見される板表面の疵発生と相関が高い。

図 **7.35** に湯面レベル制御系の構成例を示す。検出端は渦流式レベル計であり，測定した湯面レベルとその偏差に対して計算機により制御演算を行う。その結果はパルス指令としてステッピングシリンダへ送信され，シリンダの位置制御をすることにより，スライディングノズルの開度を調整するフィードバック制御系が構成されている。湯面変動を発生させる要因は，溶鋼のモールドへの注入量と流出量のバランスがなんらかの外乱により崩れることが考えられる。外乱として，スライディングノズル，浸漬ノズルへの溶鋼付着あるいは溶損による流量係数，浸漬ノズル通過時間の経時変動，二次冷却帯ピンチロールのたわみによる未凝固部の体積変動が問題となる。

制御系として PID 制御を基本に，H^∞ 制御，外乱オブザーバ，適応制御など多くの制御手法が用いられている。

1) H^∞ 制 御[16]　制御器には，プロセス特性変化に対するロバスト安定性，および外乱抑制特性の両立が要求される。これを **H^∞ 制御問題**の一つである混合感度問題に置き換え，低周波域での外乱抑制特性と高周波域でのロバスト性を周波数領域で実現するように設計を行っている。

H^∞ 制御による溶鋼レベル制御系の構成を図 **7.36** に示す。H^∞ 制御理論適用にあたって制御仕様を満たす周波数重み W_i の選定が重要である。

外乱抑制特性 W_1：引抜き速度およびロール間隔，ロール周長などにより予想される外乱の周波数帯域を，外乱抑制指標としての周波数重み関数とする。

サーボ特性実現のため W_1 は積分形としている。

ロバスト安定性 W_2：ロバスト安定性を確保するための重み関数 W_2 では，むだ時間変動範囲をカバーする必要がある。また高周波域でのモデル誤差を考慮し W_2 を決定する。ここでは相補感度関数が十分安定性を確保している PID 制御並みとなるよう，W_2 を決めている。

センサノイズ対策 W_3：ノイズ周波数帯域にて制御系が敏感に反応しないように周波数重み W_3 を設けている。

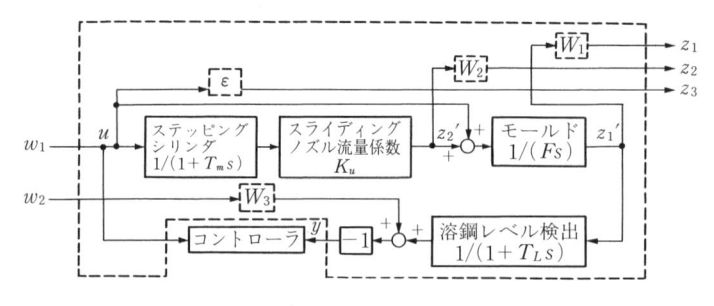

図 7.36 H^∞制御による溶鋼レベル制御の構成

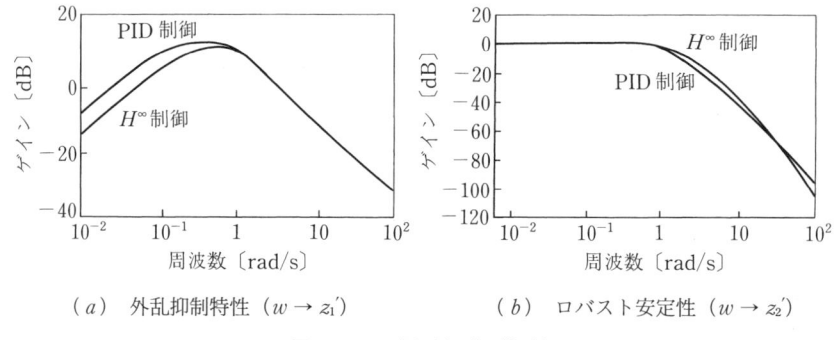

(a) 外乱抑制特性 ($w \to z_1'$)

(b) ロバスト安定性 ($w \to z_2'$)

図 7.37 周 波 数 特 性

設計された制御器の周波数特性を**図 7.37**に示す。

2) 外乱オブザーバ[17]　外乱オブザーバを用いた溶鋼レベル制御系のブロック線図を**図 7.38**に示す。本方法は，流量外乱を外乱オブザーバにより推定し，推定した外乱を相殺するような操作量を算出することにより，突発的なレベル変動や周期的なレベル変動を防止しようとしている。

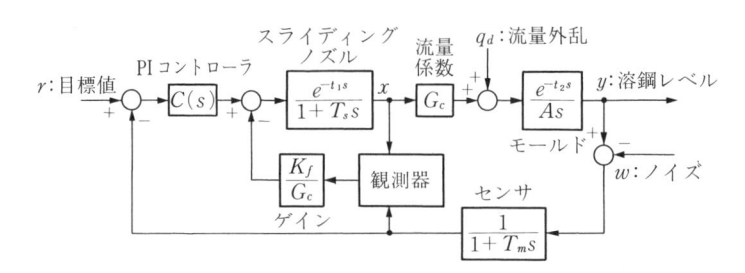

図 7.38 外乱オブザーバによる制御系のブロック線図

7.3 鉄鋼プロセス制御

スライディングノズルの開度 x とモールドレベル y から，系に加わる外乱流量 q_d を推定するオブザーバを構成する。

外乱流量 q_d からその推定値 $\hat{q}_d$ への伝達関数を $F(s)$ とすると，外乱流量を3次のフィルタを通して観測することになっている。推定した外乱流量に制御パラメータゲイン K_f を乗じて PI 制御器の出力に加算している。

$K_f = 1$ とし，PI 制御器を $C(s)$，伝達関数 $Q(s)$ を

$$Q(s) = \frac{F(s)}{1 + T_s s} \qquad (7.26)$$

とすると，外乱の影響は $1 - Q(s)$ によって軽減され，観測ノイズの影響は $Q(s)$ によって大きくなることが示されている。図 7.39 に外乱オブザーバ制御系の $Q(s)$ と $1 - Q(s)$ のボード線図を示す。

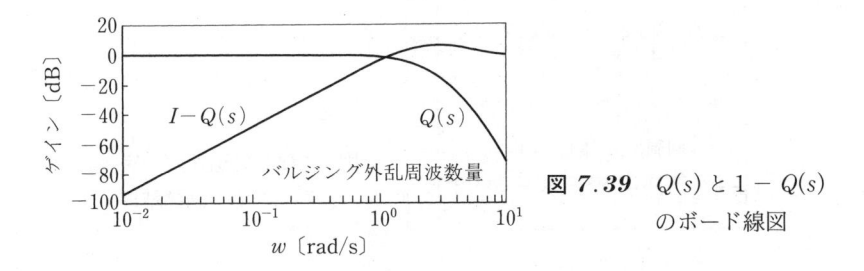

図 7.39 $Q(s)$ と $1 - Q(s)$ のボード線図

3) 適応制御[18] 湯面変動を発生させる要因をプロセスのパラメータ変化と考え，**適応制御**の導入を行っている。**単純適応制御（SAC）** を用いた溶鋼レベル制御系の構成を図 7.40 に示す。

SAC の適用にあたって，**パラレルフィードフォワード補償（PFC）** を施すことにより **ASPR**（almost strictly positive real）条件を満足するようにしている。図 7.41 に鋳造速度一定時の実湯テスト結果を示す。

PID 制御に対し湯面変動量が SAC に切り替えた後，低減している。図 7.42 に鋳造速度変化時のテスト結果を示す。鋳造速度変化時の湯面変動量が，PID 制御に対して SAC では減少しており，この結果からも SAC の優位性が示されている。

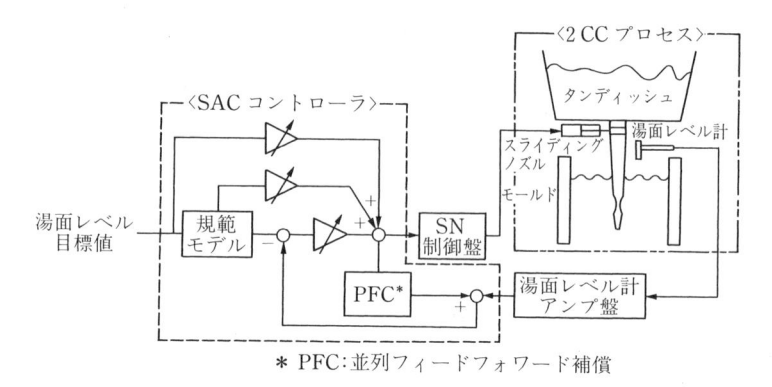

196   7. 応用 － プロセス制御の実際 －

図 7.40　SACによる溶鋼レベル制御系の構成

＊PFC：並列フィードフォワード補償

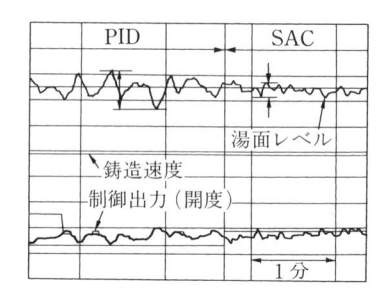

図 7.41　鋳造速度一定での制御結果

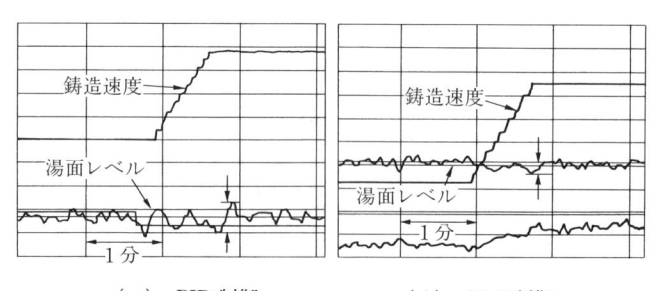

（a）PID制御　　（b）SAC制御

図 7.42　鋳造速度変化時の制御結果

8 生産管理
－プロセス制御と生産管理－

8.1 はじめに

　プロセス制御技術は，コンピュータ技術の進歩とともに大きな発展を遂げてきた。1960年代までは，アナログ演算のPID調節計による制御がほとんどであったが，1970年代のマイクロプロセッサを内蔵したディジタル制御システムの出現以降は，すべての制御演算がディジタル化された。そして，通信ネットワークを介してスーパバイザリー制御や生産管理用のコンピュータ，あるいは経営管理用のコンピュータと接続されて，リアルタイムデータに基づく運転や計画の最適化が可能になっている。

　この間に制御手法は，図8.1に示すように，シングルループ制御からマル

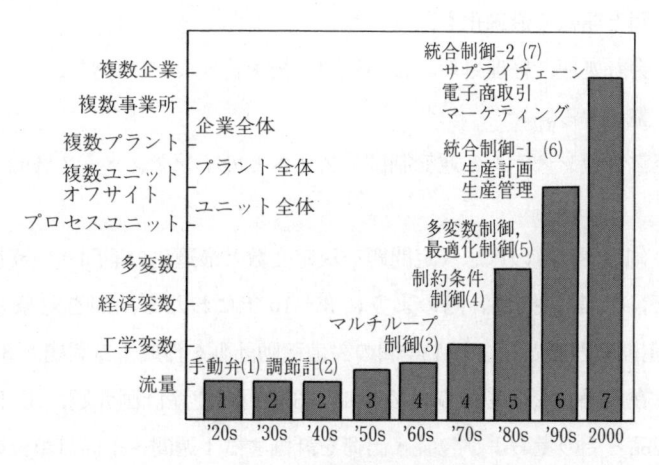

図8.1　プロセス制御技術発展の歩み[1]

チループ制御，多変数制御へと発展し，温度，圧力，流量などの工学変数だけではなく，コストや利益などの経済変数も制御変数として取り扱うようになった。そして温度・圧力などの単一変数の制御から，反応器や蒸留塔などのユニット制御，アンモニア・エチレンなどのプラント全体制御，原料調達や物流を含む企業活動全体の制御，さらに複数企業に跨るサプライチェーンの制御へと対象プロセスを広げつつある。

すなわち，生産の場で人間の運転操作機能を支援し代替してきた制御技術が，物理的な世界にとどまらず，いまや企業経営や社会活動における意思決定の支援や代替に使われ始めている。

生産管理とは，企業における意思決定の一つであり，原料調達や販売物流活動と連携しつつ，生産活動全体の効率化を図ることを目的としている。具体的には，生産すべき製品とその量，出荷予定と荷姿などに応じて，最も効率的，端的にいえば利益が最大となるように

(1) 原料の調達や製品の在庫を含む生産の計画を作成する。
(2) 計画を達成するための運転操作条件を決める。
(3) 生産状況をフィードバックして必要な場合には運転操作条件の変更を行う。

などの計画と運転の最適化を図りつつ

(4) 会計処理，経理処理，税務処理，技術管理などに必要なデータを収集整理する。

など，経営管理システムと運転制御システムとのインタフェース機能をつかさどる。

上述の(1)〜(3)の意思決定問題を決定変数と最適化の期間という視点で整理すると，① 設備投資計画のように3〜10年にわたる期間を対象とする問題，② 定期修理などを含む1年間の設備稼動計画を作成する問題，③ 原材料の手配，在庫繰りなどを行うための1〜3箇月の生産計画問題，④ 日々の生産する製品とその量および包装・出荷を計画する1週間〜1箇月単位の生産スケジュール，⑤ 時々刻々の運転操作条件を決定する問題，に分けることが出

きる．

　本章では，これらの最適化問題のうちオペレーションに関する問題を取り扱うこととし，⑤の運転最適化問題を8.2節で，②から④の計画最適化問題を8.3節で解説する．

　(4)は，会計処理，経理処理，税務処理などの経営管理システムと，運転制御システムを統合して効率的な企業運営をするためのインタフェース機能であり，両者間のインタフェースを国際的に標準化する努力が続けられている．8.4節では，このような管理と制御のシステム化について解説する．

8.2 運転の最適化

　本節では，プロセスの運転操作条件を決定する運転最適化問題として，ユニットプロセスの最適化制御，プラント全体の最適化制御，エネルギー供給の最適化制御について述べる．

8.2.1 ユニットプロセスの最適化制御

　石油化学プロセスの代表例である蒸留塔に関するプロセス，およびその**ユニットプロセスの最適化制御**のシステム概要を図 *8.2* に示す．

　本ユニットプロセスには，**多変数モデル予測制御**（multivariable model predictive control）が適用されている．多変数モデル予測制御は，設備や運転条件の上下限制約を守りながら，内部にもつ**線形計画法（LP）**によってコスト最適な目標に向かって制御することにより，ユニット単位での最適運転を実現している．例えば，本蒸留塔においては，塔頂製品組成（AC 101），塔底製品組成（AC 102），還流ドラム液面（LC 101），塔差圧（PD 101）を制御変数とし，還流量（FC 101），塔頂製品流量（FC 102），塔底温度（TC 101），塔圧力（PC 101）を操作変数とした多変数制御を行うとともに，線形計画法により製品スペック限界でコンデンサ負荷，およびリボイラ負荷を最小化する運転を実現している．

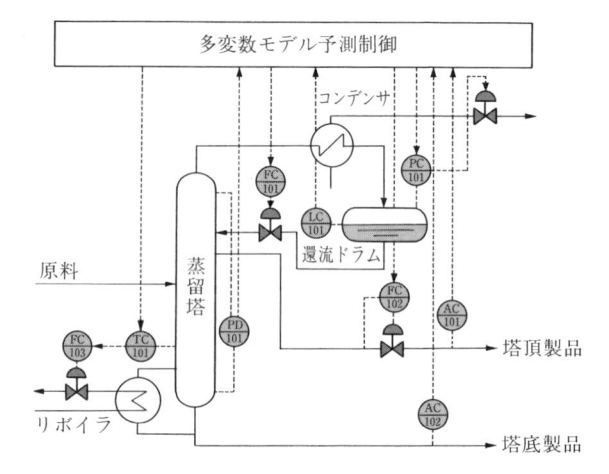

200   8. 生産管理 － プロセス制御と生産管理 －

図 8.2 蒸留塔ユニットプロセスの最適化制御

図 8.3 にその最適化の原理を図示する。還流量と塔底温度は，コンデンサ負荷およびリボイラ負荷を調節する操作変数であるため，それらの上下限制約範囲内で，かつ塔頂組成および塔底組成の上下限制約を満足する実行可能領域において，還流量および塔底温度からなる目的関数を最小にする点が最適点である。

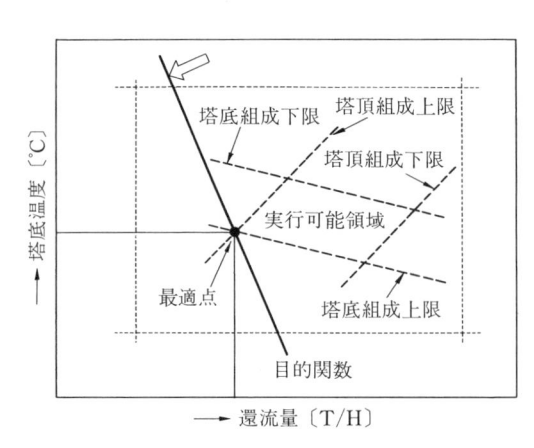

図 8.3 蒸留塔ユニットプロセスの最適化の原理

8.2.2 プラント全体の最適化制御

石油化学プラントは，一般に蒸留塔，分解炉，圧縮機などの複数のユニット

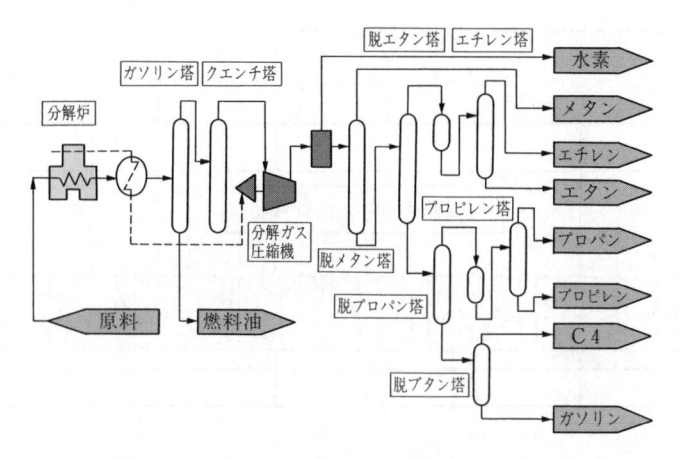

図 8.4 エチレンプラントのプロセスフロー

プロセスから構成される．図 8.4 に石油化学プラントの代表例であるエチレンプラントのプロセスフローを示す．

エチレンプラントのような大規模でユニット間の影響が複雑に入り組んでいるプロセスには，トレードオフが存在する．例えば，上述の蒸留塔において，ユニットプロセスの最適化では製品スペック限界で運転することによりコンデンサ負荷およびリボイラ負荷を最小にするが，蒸留塔へのフィード量が一定であり，かつ塔頂製品の生産量の増加が必要である場合は，塔頂製品の塔底へのリークを最小化することが必要であるため，コンデンサ負荷およびリボイラ負荷を適切な値に設定することが望まれる．すなわち，ユニットプロセスの最適化がつねにプラント全体の最適化になるとはかぎらない．

そこで，プラント全体の最適化を実現するために，ユニットプロセスの最適化制御システムの上位にプロセスの物理モデルをベースとしたリアルタイム最適化システムが構成され，それらが有機的，階層的に統合される．

図 8.5 にエチレンプラント全体の最適化制御システムの構成例を示す．本システムにおいては，複数の分解炉，ガソリン塔，クエンチ塔，分解ガス圧縮機，脱メタン塔，脱エタン塔，エチレン精留塔，プロピレン塔の各ユニットにユニットプロセスの最適化制御を行う多変数モデル予測制御が適用されてお

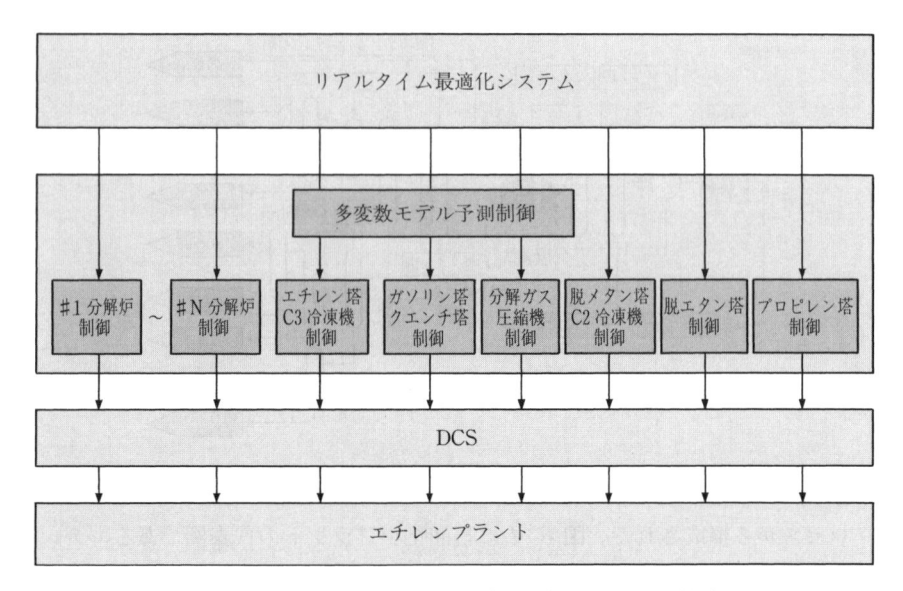

図 8.5 エチレンプラントの最適化制御システムの構成図

り，その上位に，プラント全体の最適化を行うリアルタイム最適化システムが構成されている[2)]。

本システムの概要を，図 8.6 を用いて解説する。多変数モデル予測制御システムにおいては，1～6 分周期でプロセスデータが収集され，線形計画法を内在した多変数モデル予測制御演算が行われ，DCS 内の合計約 200 の変数に設定出力される。一方，リアルタイム最適化システムにおいては，熱交の伝熱係数や反応触媒活性度などのプラントでは直接測定されない約 600 のパラメータがプロセス変数より推定され，推定されたパラメータを用いて最適化演算が約 2～6 時間周期で行われ，約 70 の変数が最適化される。

リアルタイム最適化システムは，目的関数(8.1)を，制約条件を満たす範囲で最大化する問題に定式化し，非線形計画法（NLP）の代表的手法である逐次 2 次計画法（SQP）にてリアルタイムに最適解を求めるものである。

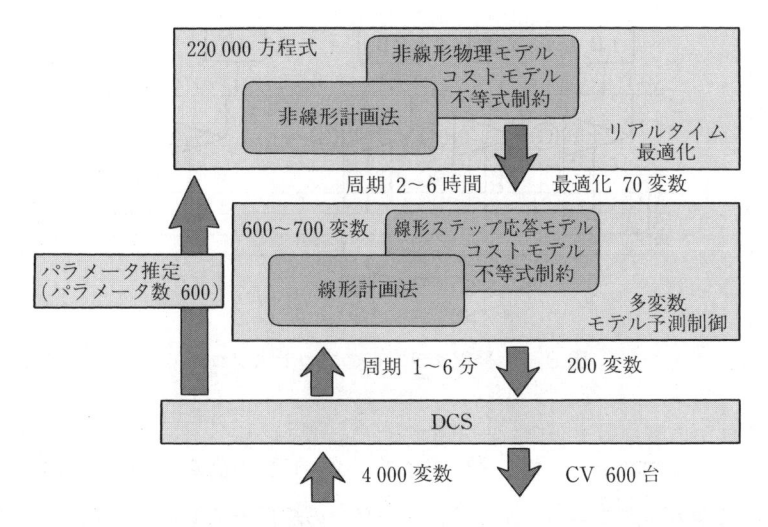

図 8.6 エチレンプラント最適化制御システムの概要

Maximize $f(z)$

$$f(z) = \Sigma(\text{Products Profit}) - \Sigma(\text{Utility Cost}) \quad (8.1)$$
$$- \Sigma(\text{Feed Cost})$$

Subject to $h(z) = 0$ \quad (8.2)

$z^L \leqq z \leqq z^U$

ここで，プラント全系の物質収支，熱収支，気液平衡，化学反応などのモデルは式(8.2)の等式制約 $h(z) = 0$ の形で表現される．また，z はプロセス変数，z^L，z^U はそれぞれプロセス変数の下限値，上限値である．

8.2.3 エネルギー供給の最適化制御

大規模な石油化学コンビナートは発電プラントを有し，コンビナート内の各プラントに必要な蒸気・電気を供給している．図 8.7 に，電気・蒸気を供給する発電プラントのプロセスフローの一例を示す．本発電プラントは，複数のボイラ (1 B, 2 B, 3 B, …, n B)，複数の蒸気タービン (1 T, 2 T, 3 T, …, m T) からなり，蒸気圧力レベルは，ボイラ主蒸気 (SP 1) のほか，各プラントに複数の圧力レベルの蒸気 (SP 2, SP 3, SP 4, SP 5) を供給して

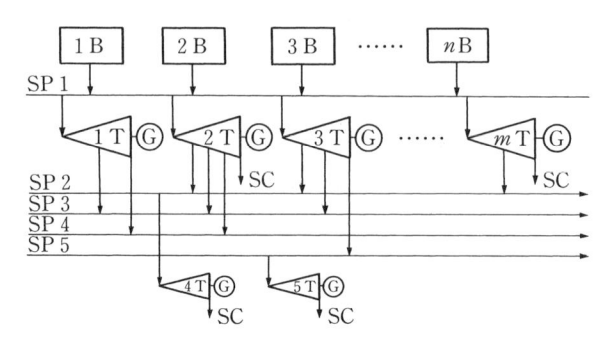

8. 生産管理 － プロセス制御と生産管理 －

図 8.7 発電プラントのプロセスフロー

いる。

このようなプロセスに対して，ボイラ，タービンの最適な負荷配分がリアルタイムで実現されている。ボイラ，タービンの線形モデルをベースとして線形計画法により最適化問題を解くことが知られているが，厳密にはボイラ，タービンの特性は非線形であるため，プラント全体の非線形モデルを構築し，非線形計画法（NLP）にて最適化問題を解くことも報告されている。

例えば，タービンの通過蒸気流量に対するタービン効率の変化は，図 8.8 に示すとおり非線形の関係にあり，蒸気・電気の需要の変化に応じて，最適運転条件をリアルタイムで求めることが必要である。

タービンの発電量モデルは式(8.3)で表現される。タービン効率は式(8.4)にて定義することができるが，実測された温度・圧力・蒸気の流量をもとに算

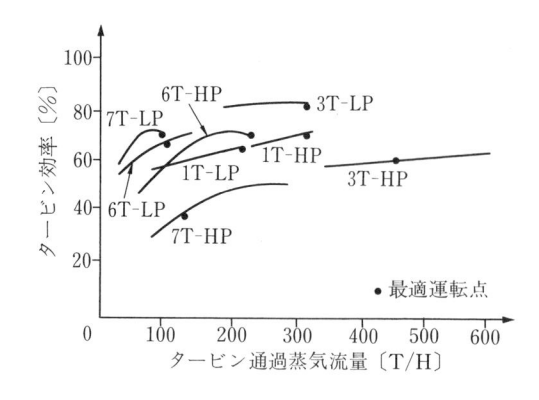

図 8.8 タービン効率特性

出することができる．また，それは例えば式(8.5)の回帰式を用いて蒸気流量の2次の関数として近似することができる．

$$E = \eta(H_{in} - H_{isent})F \tag{8.3}$$

$$\eta = \frac{H_{in} - H_{out}}{H_{in} - H_{isent}} \tag{8.4}$$

$$\eta = aF^2 + bF + c \tag{8.5}$$

ここで，E：発電量，η：タービン効率，F：蒸気流量，a, b, c：定数，H_{in}：タービン入口エンタルピー，H_{out}：タービン出口エンタルピー，H_{isent}：等エントロピー変化した場合のタービン出口エンタルピー

このように，プラント全体の数式モデルをもとにリアルタイムに最適化計算を実施することにより，運転コストを最小化する複数のボイラ・タービンの最適な負荷配分が求められ，その結果をプラント運転に反映することでエネルギー供給の最適化が実現されている[3]．

8.3 計画の最適化

本節では，定期修理などを含む1年間の設備稼動計画を作成する問題，原材料の手配，在庫繰りなどを行うための1～3箇月の生産計画問題，日々の生産する製品とその量および包装・出荷を計画する1週間～1箇月単位の生産計画について述べる．

8.3.1 設備稼動計画

石油化学などの装置産業においては，一般に販売計画に基づき，定期修理などを含む年間の設備稼動計画が作成される．

石油化学コンビナートにおいては，多数のプラントが高度にインテグレートされているため，生産計画システムによって年間の最適な設備稼動計画が必要である．本計画においては，年間の設備稼動時の負荷だけでなく各プラントの定期修理の必要期間を確保し，かつ各製品の要求生産量を満足させ，タンクな

どにおける在庫量を考慮したうえで，製品，原料，燃料，ユーティリティーのバランスをとりながら各プラントの定期修理時期のスケジューリングが実施されている．このとき，定期修理に必要な工事要員の制約およびコストも考慮して計画が立案されている．

図 8.9 は最適定期修理計画の一例であり，ガントチャート上にプラントの定期修理が集中する3箇月間の定期修理のスケジュールが表示されている．

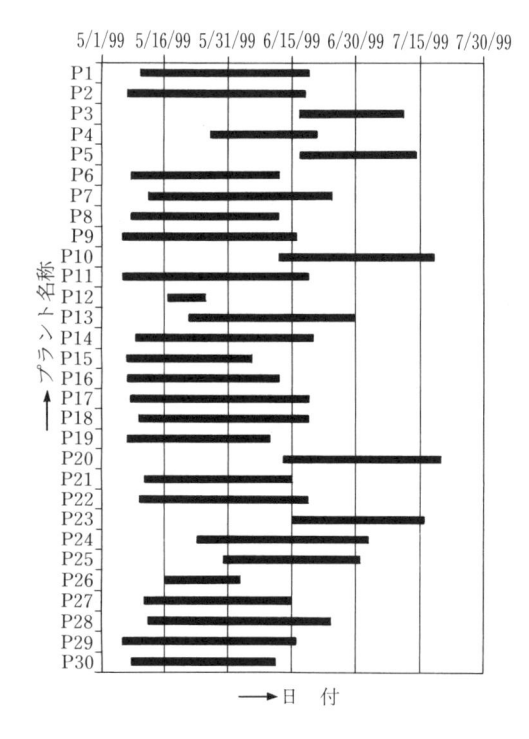

図 8.9　最適定期修理計画の一例

$8.3.2$　原材料手配のための計画

上述の設備稼動計画をベースとし，原材料の手配・在庫繰りなどを行うための1～3箇月単位での生産計画が作成される．

本計画においては，各プロセスにおける目標生産量が与えられたときの在庫を考慮したうえで，原料，燃料，およびユーティリティーにかかわるコスト最

小となる計画を立案する．あるいは，原料，燃料，ユーティリティーが制約となる場合，それら資源を各プロセスに最適配分することによる全体としての利益最大化などが行われている．

ここでは，**図 8.10** に示す簡単な生産計画モデルを用いてその考え方を解説する．Feed_1, Feed_2 は各原料，UTT はユーティリティー（簡単のために蒸気のみと仮定），Product_1, Product_2, Product_3 は各製品，Process_1, Process_2, Process_3 は各プロセス，$F1 \sim F9$ および $S1 \sim S4$ は各ストリームの流量〔T/H〕である．

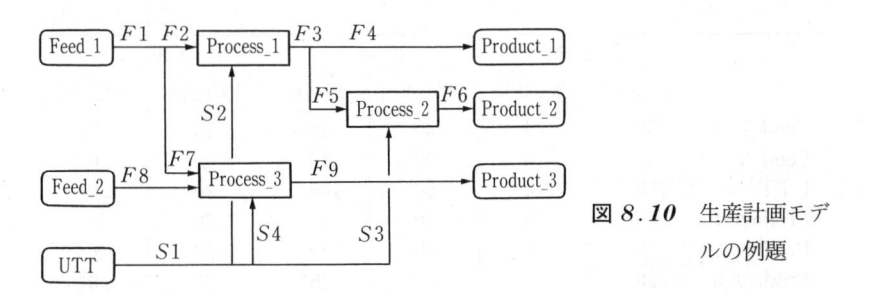

図 8.10 生産計画モデルの例題

簡単のために，以下のバランス式が成立すると仮定する．

$F1 = F2 + F7,$　　$F2 = k1 \cdot F3,$

$F3 = F4 + F5,$　　$F5 = k2 \cdot F6,$

$F7 = k3 \cdot F9,$　　$F8 = k4 \cdot F9,$

$S1 = S2 + S3 + S4,$　$S2 = k5 \cdot F3,$

$S3 = k6 \cdot F6,$　　$S4 = k7 \cdot F9$

ここで，$k1 \sim k7$ は定数であり，それらの値は以下のとおりとした．

$k1 = 1, \ k2 = 1, \ k3 = 0.2, \ k4 = 0.8, \ k5 = 1, \ k6 = 2, \ k7 = 1.5$

次式で示す目的関数 Profit を定義し，線形計画法を用いて，これを最大化する．

$$\text{Profit} = F_{\text{Product\_1}} \cdot P_{\text{Product\_1}} + F_{\text{Product\_2}} \cdot P_{\text{Product\_2}}$$
$$+ F_{\text{Product\_3}} \cdot P_{\text{Product\_3}} - F_{\text{Feed\_1}} \cdot P_{\text{Feed\_1}} - F_{\text{Feed\_2}} \cdot P_{\text{Feed\_2}}$$
$$- F_{\text{UTT}} \cdot P_{\text{UTT}}$$

ここで，F，P はそれぞれ添字に対する流量〔T/H〕，単価〔千円/T〕である。

$P_{\text{Product\_1}} = 40$〔千円/T〕, $P_{\text{Product\_2}} = 50$〔千円/T〕,

$P_{\text{Product\_3}} = 60$〔千円/T〕, $P_{\text{Feed\_1}} = 10$〔千円/T〕,

$P_{\text{Feed\_2}} = 20$〔千円/T〕, $P_{\text{UTT}} = 2$〔千円/T〕

本生産計画モデルにおける最適化ケーススタディー実施例を表 8.1 に示す。最適解が上限制約にかかった変数に*印を付けている。

表 8.1 生産計画最適化ケーススタディー実施例

単位：〔T/H〕

	Case 1		Case 2		Case 3	
	上限制約	最適解	上限制約	最適解	上限制約	最適解
Feed_1	50	44	40	40*	50	37.3
Feed_2	50	16	50	16	50	16
UTT	200	110	200	106	90	90*
Product_1	20	20*	20	16	20	20*
Product_2	20	20*	20	20*	20	13.3
Product_3	20	20*	20	20*	20	20*

Case 1 においては，各製品の目標生産量どおりの計画を立案している。すなわち，原料，ユーティリティーが上限制約にかからない場合，各製品の生産量を最大化することにより利益を最大化している。このときの原料，ユーティリティーの必要量が求められている。

Case 2 においては，原料の手配が制約となった場合の利益最大化を実施している。すなわち，原料 Feed_1 が上限制約にかかったとき，製品 Product_1 の生産量を減少させ，その他の製品の生産量を最大化することにより資源配分され，利益最適化を実現している。

Case 3 においては，ユーティリティー供給量が制約となった場合の利益最大化を実施している。すなわち，ユーティリティー UTT の供給量が上限制約にかかったとき，Case 2 と異なり製品 Product_2 の生産量を減少させ，そのほかの製品の生産量を最大化することにより資源配分され，利益最適化を行っている。

8.3 計画の最適化

本例題では，制約条件と目的関数が線形式の場合を取り扱ったが，現実のプロセスでは非線形式となることもあり，非線形式をそのまま取り扱う場合は，非線形計画法によって解く必要がある．また，各プロセスやユニット機器の稼動／停止等判断のために整数変数を導入し，**混合整数形線形計画法（MILP）**，または**混合整数形非線形計画法（MINLP）**を用いて解く場合もある．

> **コーヒーブレイク**
>
> － モデリングとシミュレーション（その3）－
>
> コントローラを設計してプロセスシミュレーションにてその動作を確認し，実際のプラントに導入してよい結果を得ることができたとする．つぎに，この技術を別のプラントにも適用したい，運転条件が変わったため再調整をしてほしい，ハードウエアの寿命がきたためにリプレースしたい，本社の生産管理システムと接続したいなど，制御技術者はその適用技術の維持のため大忙しとなる．そこでTCO（ライフサイクルエンジニアリング）の観点からもっとよいアプローチはないかという考えが浮かぶ．経済が発展期を過ぎて安定期に入ると，過去のシステムをどのようにリニューアルするか，メンテナンスするかが，製造業の抱える課題の一つとなる．システムの更新にあたっては，操業条件変更への柔軟性，緊急時・非定常時の安全性評価，企業基幹業務との接続など新たな課題も発生する．
>
> これらのニーズに対応して，プロセス・プラントの設計，運転，解析，教育などを一貫支援する環境を構築しようという活動が，国の補助のもとにスタートしている．プロセスの構造モデル，挙動モデル，運転操作モデルなどをどのように構築・融合するか，計算アルゴリズムやハードウエア・ソフトウエアとの独立性をどのように高めるかがキーとなる．具体的には，（財）日本学術振興会 未来開拓事業や（財）製造科学技術センター IMS (Intelligent Manufacturing Systems) プロジェクトなどがある．
>
> 今回取り上げた モデリングとシミュレーション というキーワードは，制御やシステムの研究・実務に携わる人にとっては，その分野にかかわらずトランスバーサル（横断的）技術として広まりつつある．その種の学会誌に最新の技術が掲載されているので是非参照されたい．

8.3.3 日々の生産スケジュール

上述の生産計画に加え，日々の生産スケジュールが1週間から1箇月の単位で作成される。

多品種生産プロセスにおいては，各銘柄の販売予測，在庫量，および生産の制約条件などを勘案して，顧客の需要を満たし，品切れを起さないよう，かつ在庫を最小とするよう生産スケジュールが立案される。図 8.11 に，複数の生産系列を有する多品種生産プロセスにおける生産スケジューリングの様子を示す。

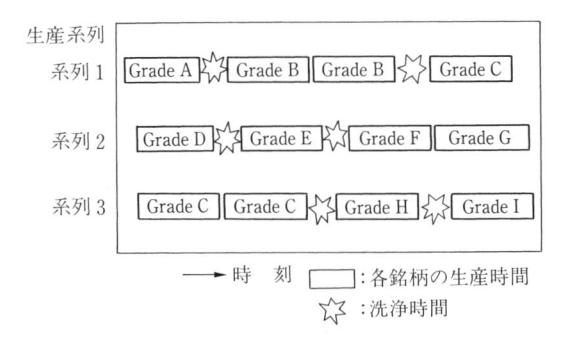

図 8.11 多品種生産プロセスのスケジューリング

ここでは，各銘柄について生産すべき系列，および各銘柄の生産すべき順序を決定している。このとき，コンタミ防止の観点から設備の洗浄条件を考慮しなければならない。例えば，同一銘柄または特定の銘柄の組合せであれば洗浄は不要であるが，前後の銘柄の組合わせにより必要な洗浄時間が異なったり，ある銘柄の組合せは許容できないなどの制約条件を考慮する必要がある。

このように，時々刻々と変化する需要に対し，種々の制約を満足する柔軟な生産スケジュールを立案することが要求されている。

本節では，設備稼動計画，原材料手配計画，日々の生産スケジュールに関する計画の最適化について述べたが，設備投資計画のように3～10年にわたる期間を対象とするビジネス意思決定問題なども存在する。

また，複数の生産拠点が存在する場合，各生産場所の生産量は，生産面だけでなく物流面も含めた全体の利益を最大化するように決定されるべきであり，物流の分野においても，輸送手段，輸送経路の選択，配送センター最適配置などの最適化問題が存在する。

近年，図 8.12 に示す調達，生産，物流，販売のサプライチェーン全体にわたる最適化が注目され，さらに，原材料の調達先および顧客との連携をとった企業の枠を超えた活動へと広がりつつある。

調達先 ⟷ 調達 ⟷ 生産 ⟷ 物流 ⟷ 販売 ⟷ 顧客

図 8.12 生産活動におけるサプライチェーン

8.4 制御と管理のシステム化

制御と管理を統合する試みは，1980 年代の **CIM**（computer integrated manufacturing）に始まる。「自動化の孤島（islands of automation）」となっていた個別のシステムを，当時技術的に大きな発展を遂げつつあった通信ネットワークにより戦略的に統合し，生産を中心とした企業活動の効率化を図ることが提唱された。

図 8.13 は，Purdue 大学を中心としたグループが CIM の参照モデルを検討[4]する際に用いた企業活動のモデルで，四角で囲まれた制御と管理に関する 12 の活動要素から構成されている。Purdue 大学を中心とした検討グループは，図 8.13 の破線から右下の生産を中心とした部分の CIM 参照モデルを，図 8.14〜図 8.16 のような階層モデルとして表現することを提案した。

図 8.14 は連続生産プロセス，図 8.15 は離散的生産プロセスの階層モデルであるが，いずれも 4 階層で構成されている。両者の大きな差異は，対象プロセスに依存するレベル 1，2 の違いと，最適化の対象が離散的生産プロセスの場合スケジューリングであるのに対して，連続生産プロセスでは制御とスケ

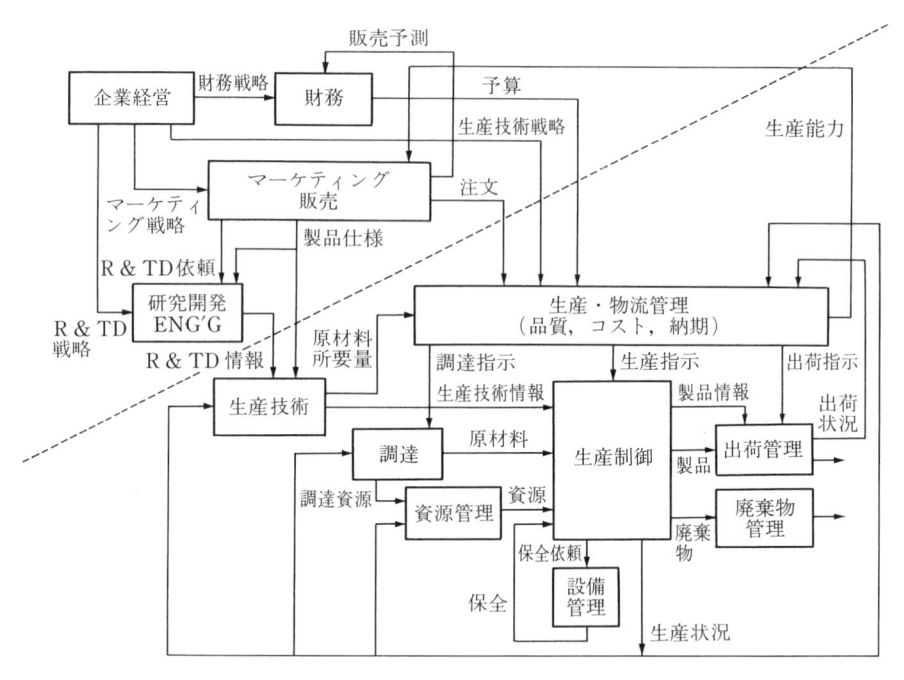

図 8.13 CIM 参照モデル作成の対象となった企業活動モデル

ジューリングの両者であることである。

多くの工場を有し，それぞれの工場が生産管理機能を有する場合には，図 8.16 に示すように，レベル 4 B がレベル 5 B に移動して 1 階層追加されて 5 階層となる。このように，階層モデルは実体に合わせて構成されねばならない。

階層モデルの利点の一つは，各レベル毎に必要な応答時間（response），瞬時値，平均値，積算値などのデータの種別―時間的な分解能（resolution），信頼性（reliability），復元方法（repairability）などを考慮してシステムを設計できることである。

もう一つは，階層モデルにおける各レベル間のインタフェース標準化を検討する際の参照モデルとして利用することである。特に，経営管理システムと運転制御系のシステムは，今日まで別々の発展をしてきたため，両者のギャップ

8.4 制御と管理のシステム化　213

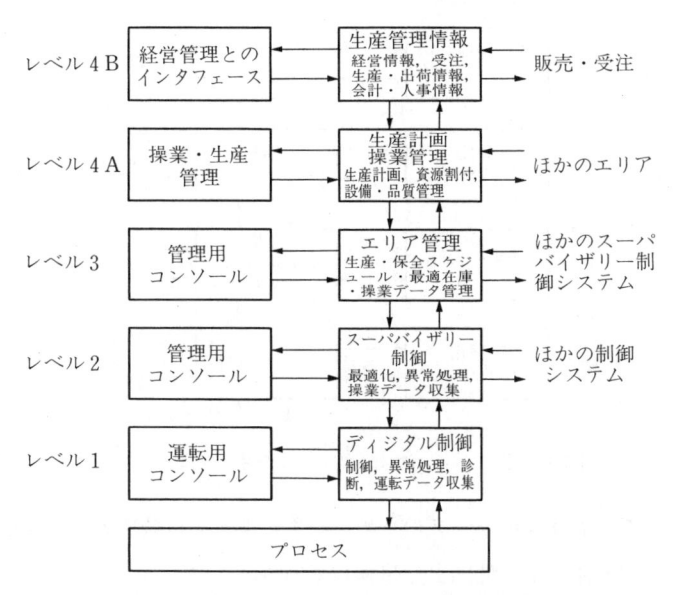

図 8.14 連続生産プロセスの階層モデル

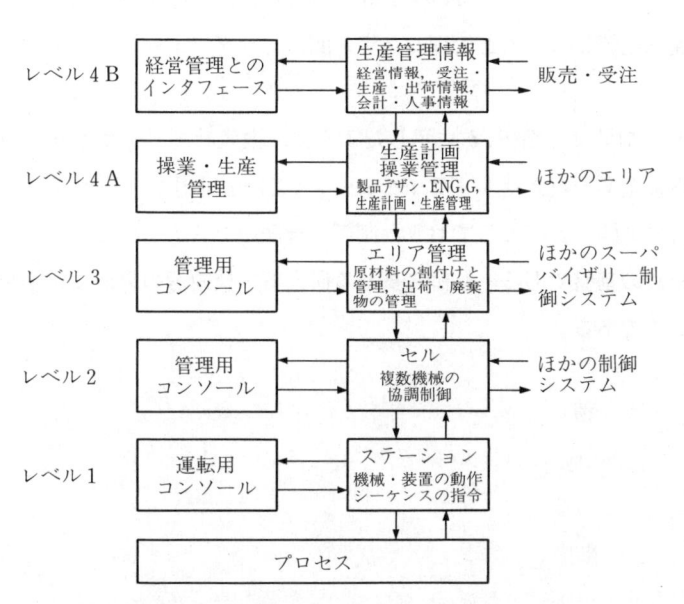

- レベル4B：経営管理とのインタフェース ↔ 生産管理情報（経営情報，受注，生産・出荷情報，会計・人事情報）↔ 販売・受注
- レベル4A：操業・生産管理 ↔ 生産計画 操業管理（生産計画，資源割付，設備・品質管理）↔ ほかのエリア
- レベル3：管理用コンソール ↔ エリア管理（生産・保全スケジュール・最適在庫・操業データ管理）↔ ほかのスーパバイザリー制御システム
- レベル2：管理用コンソール ↔ スーパバイザリー制御（最適化，異常処理，操業データ収集）↔ ほかの制御システム
- レベル1：運転用コンソール ↔ ディジタル制御（制御，異常処理，診断，運転データ収集）
- プロセス

図 8.15 離散的生産プロセスの階層モデル

- レベル4B：経営管理とのインタフェース ↔ 生産管理情報（経営情報，受注，生産・出荷情報，会計・人事情報）↔ 販売・受注
- レベル4A：操業・生産管理 ↔ 生産計画 操業管理（製品デザン・ENG,G,生産計画・生産管理）↔ ほかのエリア
- レベル3：管理用コンソール ↔ エリア管理（原材料の割付けと管理，出荷・廃棄物の管理）↔ ほかのスーパバイザリー制御システム
- レベル2：管理用コンソール ↔ セル（複数機械の協調制御）↔ ほかの制御システム
- レベル1：運転用コンソール ↔ ステーション（機械・装置の動作シーケンスの指令）
- プロセス

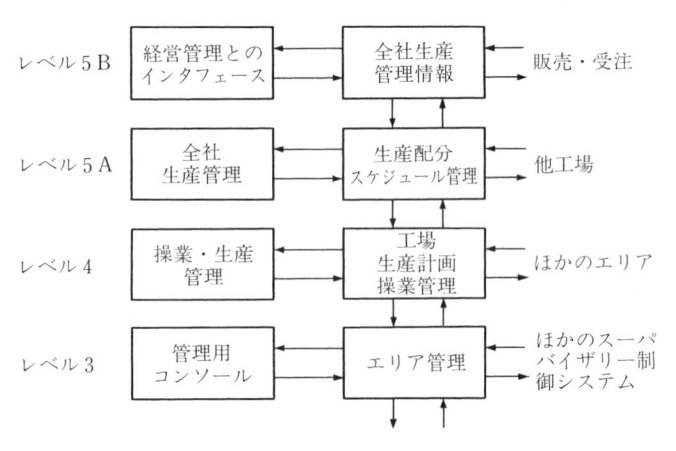

214   8. 生産管理 － プロセス制御と生産管理 －

図 8.16 多くの工場を有する企業の階層モデル

は大きい。このようなギャップのために人手によって接続することが依然として多く，企業全体の生産性向上を阻害している。

　1995年にスタートしたISAのS95委員会では，このような課題に対応するため，運転制御システムと管理システム間のインタフェースの標準化を検討している。

　プロセス制御は，図 8.1 に示したように，生産計画・生産管理との統合制御，さらに企業を超えたサプライチェーンや電子商取引，マーケティングとの統合制御に展開しようとしており，制御と管理のシステム化はこのような展開をするための基盤である。制御に携わる研究者・技術者の果敢な挑戦を期待したいところである。

参 考 文 献

【1章】
1) 田中毅弘：自動制御読本，pp.8～14，工学図書（1995）
2) 堀　洋一，大西公平：制御工学の基礎，pp.12～15，丸善（1997）
3) 古田勝久，山北昌毅監訳：制御工学の歴史，コロナ社（1998）
4) 日本プラントメンテナンス協会編：自動制御システムのメンテナンス，pp.2～8（1999）
5) Lewis, F. L.：Applied Optimal Control and Estimation, Prentice-Hall（1992）
6) 小川和彦訳：アメリカ計測制御50年の進展とISA小史，ISA-J News Letter, **2**, 4（1997）
7) Minorsky, N.：Directional Stability of Automatic Steered Bodies, J. Amer. Soc. of Naval engineers, **34**, 2, pp. 280～309（1922）
8) 日本電気計測器工業会：平成元年度先端技術の動向調査，研究事業報告書（1990）
9) 高津春雄，伊藤利昭：制御技術動向調査報告―プロセス装置産業における制御技術の適用状況，計測と制御，**36**, 4（1997）
10) 塚田義男：日本におけるプロセス計装の歴史とこれからの課題，ISA-J, 98-99 Annual Meeting記念講演会資料（1998）
11) 嶋　正利：マイクロプロセッサの25年，電子情報通信学会誌，**82**, 10, pp.997～1017（1999）
12) 石井　保 編：計装制御システム，電気書院（1973）
13) 野坂康雄：産業システム制御，計測自動制御学会（1994）
14) 山下，保志：ディジタルプロセス制御，コロナ社（1969）
15) Qin, Joe：An Overview of Industrial Model Predictive Control Technology（1996）
16) 大松，山本 編著：セルフチューニングコントロール，計測自動制御学会（1996）
17) 木村英紀：H^∞制御，コロナ社（2000）

【2章】

1) 温度計測部会 編：温度計測，計測自動制御学会 (1982)
2) 石井　保 編：計装制御システム，電気書院 (1973)
3) 谷，小橋，佐藤：流体力学実験法，岩波書店 (1977)
4) 松山　裕：実用流量測定，省エネルギセンター (1995)
5) 芝　亀吉 監修：湿度と水分，コロナ社 (1980)
6) 芝　哲夫 監修：第2版 機器分析のてびき，化学同人 (1996)

【3章】

1) Control Valves-Practical Guides for Measurement and Control-, Instrument Society of America (1998)
2) 計装詳細設計講座テキスト (IPC-PEJ-21-00 Y)，プロセス計装制御技術協会
3) 井伊谷鋼一，堀田和之：プロセス制御の基礎，朝倉出版 (1974)
4) ワイケイブイ株式会社社内教育資料 (1997)

【4章】

1) 関　豊：基幹業務システムと生産制御システムの情報統合，横河技報，**41**, 4 (1997)
2) 大滝　勉：MESとソリューション，横河技報，**43**, 3 (1999)
3) 森下　巌 編：ディジタル計装制御システム，計測自動制御学会 (1993)
4) CENTUM CS 3000 レファランスマニュアル，横河電機
5) 荒木光彦：2自由度制御系，システムと制御，**29**, 10, pp.649〜656 (1985)
6) Horowtz, I. M.：Synthesis of Feedback Systems, Academic Press (1963)
7) 大松，山本 編：セルフチューニングコントロール，計測自動制御学会 (1996)
8) Takatsu, H.：Intelligent Self-Tuning PID Controller, Journal A, **39**, 2 (1998)
9) Morari, Manfred：Robust Process Control, Prentice-Hall (1989)
10) 占田勝久 編：ディジタル制御，コンピュートロール，**27**, コロナ社 (1989)
11) Dominique HUMEAU ほか：内部モデル予測制御パッケージ RM 1，横河技報，**39**, 2 (1995)
12) 制御技術動向調査報告書，計測自動制御学会制御技術部会制御技術調査WG (1996)
13) Takatsu, H., Itou, T.：Future Needs for Control Theory in Industry—Report of the Control Technology Survey in Japanese Industry, IEEE Trans. on Control Systems Technology, **07**, 03 pp. 298〜305 (1999)
14) 横山，三浦：連載「総合ダイナミックシミュレーション環境 Omegaland」，ケミカルエンジニアリング，11, pp. 67〜72 (2000)

【5章】

1) 曽禰：パネルレス計装システムの評価と展望，山武ハネウエル計装資料 (1983)
2) 渡辺：計装機器システムの需要動向調査，SICE Forum (1982)
3) Dallimonti：Principles of design for MMIF in Process Control, MMI Ind. Cont. (1980)
4) 池田：石油精製における全面的CRTによる運転とその評価，計装技術会議 (1983)
5) Dallimonti, R., 東郷, 鈴木：システム制御におけるマンマシンインタフェース，計測と制御，**24**, 2 (1985)
6) TDCS 3000システム概説書，山武ハネウエル (1985)
7) Ottino, C.：User Interface in the 1990's, ISA Paper #92-034 (1992)
8) 曽禰, 廣岡：TotalPlantオープン・ソリューション，Savemation（山武ハネウエル）**11**, 1 (1992)
9) プラントの安全操業を確保するための制御システムの信頼性・安全性に関する調査研究委員会：プラントの安全操業を確保するための制御システムの信頼性・安全性に関する調査研究報告，日本電気計測器工業会 (1993)
10) Huntington, J. C.：Requirements for TotalPlant Operator Interface：A Broad-Bruch Sketch, Scientific Honeyweller (1993)
11) Holland, R.：From Alarm Management to Sitiation Management in Plant Control Systems, Scientific Honeyweller (1993)
12) プラントの安全操業を確保するための制御システムの信頼性・安全性に関する調査研究委員会：プラントの安全操業を確保するための制御システムの信頼性・安全性に関する調査研究報告，日本電気計測器工業会 (1994)
13) 曽禰：分散型制御システム（DCS）における最近のヒューマンインタフェース，SICEセミナー (1994)
14) 福田, 曽禰：オープンDCSを利用したスタートアップ，シャットダウン運転支援システム，計装，**40**, 1 (1995)
15) 曽禰：次世代DCS構想/新しい進化，SICE計装エンジニア公開討論会 (1996)
16) Industrial-DEO概説書（山武産業システム）(2000)

【6章】

1) TDCS 3000システム概説書，山武産業システム (1985)
2) 佐藤 ほか：TDCS 3000システムにおけるエンジニアリング業務の機械化例，Savemation Review（山武），**5**, 1 (1987)

3) Mannering, J.: Unique Requirements of Process Control Applications for User Interface Style Guideline (1993)
4) 松本：ソフトウェアプロジェクトにおける協力と協調を支援する計算機環境，SICE **34**，12 (1995)
5) (財)日本情報処理開発協会：ソフトウェア開発における視覚化，ビジュアルインタフェースの研究開発報告書 (1995)
6) 協調オートメーションシステム・エンジニアリング入門書，山武産業システム (1996)
7) 村手，中野 ほか：TDCS 3000 x/Harmonas 統合エンジニアリング環境 RTC の開発，Savemation Review（山武），**14**，2 (1996)
8) 江木：次世代のプラントエンジニアリング技術，オートメーション，**42**，1 (1996)
9) Industrial-DEO 概説書（山武産業システム）(1999)

【7章】

1) 高橋 ほか：鉄鋼プロセスのモデリングと制御理論応用の現状と課題，電気学会技術報告，550 (1995)
2) 狩野，星野，山野寺，原川：ミルモーター AC 化による熱間圧延機板厚精度向上，電気学会研究会 MID-96 (1996)
3) 関口 ほか：熱間仕上圧延機のルーパ最適多変数制御，電学論 C，**108**，1，pp.31〜38 (1988)
4) 山田 ほか：熱延仕上圧延のルーパ制御技術，材料とプロセス，**9**，206 (1996)
5) 塩谷 ほか：多変数制御理論に基づく高応答ルーパ制御の開発，新日鉄技報，347，pp.67〜70 (1992)
6) 木村 ほか：外乱オブザーバを用いた熱延仕上圧延機のルーパ多変数制御，電学論 C，**116**，10，pp.1111〜1118 (1996)
7) 今成 ほか：ホットストリップミル仕上圧延機のルーパ H∞制御システムの開発，電学論 D，**116**，7，pp.777〜784 (1996)
8) 今江 ほか：千葉製鉄所第 3 熱延工場における高品質製品製造技術，川鉄技報，**28**，4，pp.219〜223 (1996)
9) 服部 ほか：冷間圧延機の最新圧延制御システム，製鉄研究，339，pp.46〜52 (1990)
10) Naganuma, Y., Ogai, H : SHAPE AND PROFILE CONTROL FOR STRIP ROLLING, CONTROL-THEORY AND ADVANCED TECHNOLOGY, **1**, 1, pp. 47〜70 (1985)

11) 野口，岡村，大貝 ほか：棒鋼・線材圧延におけるスタンド間張力と出側 材料高さの多変数制御（第 1 報，制御系設計・シミュレーション），機学論 C，**55**，510，pp.343〜348（1989）
12) 野口，岡村，大貝 ほか：棒鋼・線材圧延におけるスタンド間張力と出側 材料高さの多変数制御（第 2 報，実験結果），機学論 C，**55**，510，pp.349〜353（1989）
13) 岡村，野口，大貝：最適レギュレータによる線材圧延の多変数制御，計測自動制御学会論文集，**26**，11，pp.1283〜1290（1990）
14) 野口，大貝，岡村，橋爪，田辺，吉村：線材圧延の多変数制御と精密圧延システムの開発，塑性と加工，**41**，472，pp.70〜75（2000）
15) 芳谷 ほか：加熱炉の鋼片最適加熱制御，製鉄研究，339，pp.41〜45（1990）
16) 黒川，加藤，近藤，美多，三平，劉：連続鋳造機モール度レベル制御への H^∞ 制御理論適用，第 2 回ロバスト制御研究会資料，pp.109〜114（1991）
17) 浅野，加治：外乱オブザーバを用いた連鋳モールド内湯面レベル制御，第 28 回 SICE 講演会資料，pp.77〜78（1991）
18) 織田，河本：SAC を用いたモールド湯面制御技術の開発，材料とプロセスと制御，**13**，1034（2000）

【8 章】

1) Koppel, L. B.：Quantify Information System Benefits；Hydrocarbon Processing, Jun. 1995, pp. 41（1995）
2) 小河，江本：計測と制御，35〜10，pp.788〜792（1996）
3) 藤田 ほか：計装，**43**，5，pp.34〜37（2000）
4) CIM Reference Model Committee：A Reference Model For Computer Integrated Manufacturing；International Purdue Workshop on Industrial Computer Systems, ISA（1989）

索　　引

【あ】

圧延モデル　　　　　　　185
圧電圧力計　　　　　　　 18
圧力温度計　　　　　　　 15
アドバイザリー　　　　　120
アプリケーションエンジ
　ニアリング　　　　　　 44
アラーム画面　　　　　　108
アングル弁　　　　　　　 38

【い】

硫黄回収・排煙脱硫装置
　　　　　　　　　　　　159
行過ぎ量　　　　　　　　 64
イコールパーセンテージ
　特性　　　　　　　　　 41

【う】

浮子式　　　　　　　　　 19
渦流量計　　　　　　　　 23
運転支援　　　　　　　　120

【え】

エアセット　　　　　　　 51
塩化リチウム露点計　　　 25

【お】

オーバビュー画面　　　　106
オン・オフ特性　　　　　 42
温度インタロック制御　　150
温度カスケード制御　　　150
温度プログラム制御　　　150

【か】

階層構造ニューラルネット
　ワークモデル　　　　　169
外乱オブザーバ　　　　　194
外乱変数　　　　　　　　 84
外乱抑制特性　　　　64, 193
ガスクロマトグラフ　　　 34
加熱炉制御モデル　　　　 91
可変モデル構造　　　　　 81
カルマン渦　　　　　　　 23
カルマン渦列　　　　　　 23
乾湿球湿度計　　　　　　 25

【き】

気泡式　　　　　　　　　 19
逆誤差伝播法　　　　　　169
逆作動　　　　　　　　　 40
逆　栓　　　　　　　　　 40
ギャップ動作　　　　　　 70
キャビテーション　　　　 47
鏡面露点計　　　　　　　 27
緊急停止機能　　　　　　110
近赤外分光分析計　　　　168

【く】

クイックオープニング特性
　　　　　　　　　　　　 42
空空ポジショナ　　　　　 52
駆動系モデル　　　　　　185
グループ画面　　　　　　106
グローブ弁　　　　　　　 38

【け】

形状制御システム　　　　181
ゲート弁　　　　　　　　 39

【こ】

高度制御　　　　　　　　138
鋼片昇温モデル　　　　　189
混合整数形線形計画法　　209
混合整数形非線形計画法
　　　　　　　　　　　　209
コンストレイント制御　　 64
コンピュータ支援エンジ
　ニアリング　　　　　　138
コンピュータフェイル　　 74

【さ】

差圧式　　　　　　　　　 18
サイジング　　　　　　　 46
最適化制御　　　　　　　 64
最適加熱制御　　　　　　190
最適制御　　　　　　　　180
サーミスタ　　　　　　　 14
酸素濃度計　　　　　　　 31
三方弁　　　　　　　　　 38

【し】

磁気酸素計　　　　　　　 31
磁気風　　　　　　　　　 31
シグモイド関数　　　　　169
シーケンシャルファンク
　ションチャート　　　　150
示差走査熱量計　　　　　 29
示差熱量曲線　　　　　　 29
重回帰　　　　　　　　　168
集中的運転方式　　　　　103
主成分分析　　　　　　　168
出力過大引戻し現象　　　 72
出力補償　　　　　　　　 72
シングルウィンドウ　　　112

索　引　　*221*

振動管式密度計　　30

【す】

水素炎イオン化検出器　　32
水素製造装置　　159
スタンド間張力・ルーパ
　高さ制御　　179
ストローハル数　　23

【せ】

制御出力動作　　70
制御変数　　84
正作動　　40
性状制御モデル　　91
正　栓　　40
整定時間　　64
静電容量式　　19
製品データ交換の標準化
　モデル　　138
積分飽和　　71
接触改質装置　　159
絶対値＋モニタAGC方式
　　　　178
ゼーベック効果　　13
線形計画法　　199
センサノイズ対策　　194
全体監視画面　　106
セントラルオペレーション
　　　　103

【そ】

操作変数　　83
相対値ロックオン＋モニタ
　AGC方式　　178
測温抵抗体　　14
測定値トラッキング　　73

【た】

タイガーツース弁　　50
ダイナミック制御　　64
ダイナミックモデル　　85
ダイヤフラム弁　　39
立上り時間　　64

多変数モデル予測制御　　199
多変数予測制御　　64
多変量解析モデル　　168
単座弁　　38
単純適応制御　　195
弾性圧力計　　16

【ち】

チューニング　　81
超音波式　　20, 24
張力制御＋GM-AGC　　185
チョーク状態　　47
沈鐘式　　15

【て】

ディジタル式SLC　　57
ディテール画面　　107
適応制御　　195
デスクトップメタファ　　121
データハイウェイ　　103
デュアルデュプレックス　　57
電気抵抗式湿度センサ　　27
電気容量式湿度センサ　　28
電極式　　19
電空ポジショナ　　52
電子商取引　　138
電磁流量計　　22
電離真空計　　18

【と】

統一した窓　　112
同期実行ホットスタンバイ
　方式　　60
登頂還流　　89
トルクモータ　　52
トレンド画面　　108

【な】

内部モデル制御　　78

【に】

2色温度計　　15
入力補償　　72

ニューラルネットワーク
　モデル　　168

【ね】

熱延板厚制御　　177
熱延加熱炉制御　　189
熱電対　　13
熱伝導真空計　　18
熱伝導度検出器　　30
熱分解装置　　158
粘度補正　　47

【は】

配管計装図　　132
パスバランス制御　　161
バタフライ弁　　39
バッチシーケンス画面　　108
発熱量計　　29
パラレルフィードフォワ
　ード補償　　195
バルブポジショナ　　51
パンプレス切換　　73

【ひ】

非干渉制御　　179
ひずみゲージ　　17
ひずみゲージ式圧力センサ
　　　　17
非線形ゲイン　　69
非線形制御　　64
微分先行形PID制御アル
　ゴリズム　　69
ヒューマンインタフェース
　　　　97
評価関数　　189
標準手順　　124
比例微分先行形PID制御
　アルゴリズム　　68

【ふ】

フィードバック制御　　64
フィードフォワード制御　　64
フィールドバスシステム　　53

フェイルセーフ	40	【む】		予測区間	85
フォールバック動作	74	むだ時間補償制御	64	【り】	
負特性サーミスタ	15	【め】		リアルタイムオペレーティングシステム	57
部分最小自乗法	168	メジャートラッキング	73	リセットリミット機能	71
プライマリダイレクトモード動作	74	面積式流量計	21	リセットワインドアップ	71
プロダクションエンジニア	113	【も】		リニア特性	41
分散形制御システム	103	目標昇温曲線	189	流動接触分解装置	158
【へ】		目標値変更追従特性	64	流量特性	40
偏差二乗動作	70	モデル入力	81	理論モデル	168
変動抑制機能	174	モデル予測制御	170	リングバランス	16
【ほ】		【ゆ】		【れ】	
棒鋼寸法制御	185	有効流量特性	43	冷延形状制御	181
棒鋼・線材圧延制御	184	U字管式	15	冷間タンデムミル高精度形状制御システム	181
放射温度計	15	ユニット画面	106	レギュレートリ制御	63
放射線式	20	ユニットプロセスの最適化制御	199	レデューサ	47
補正係数	47	湯面レベル制御	192	レンジアビリティ	40
ボール弁	39			連続鋳造レベル制御	192
【ま】		【よ】		【ろ】	
マイクロプロセッサ	103	容量係数	40	炉温変化モデル	189
マスフロー速度補償	178	容量式	21	ロバスト安定性	193
		翼車式	22	ロバスト制御	180

【A】		【D】		【H】	
APC	138	DCS	57, 103	HIF	97
ASPR	195	DDC	6, 57	H^∞ 制御問題	193
【B】		DMC	163	【I】	
Back Propagation 法	169	DSC	29	ILQ 制御	180
【C】		【E】		IMC	78
CALS	138	ERP	57	I-PD	69
CASE	138	ESD	110	ISA	5, 57
CIM	211	【F】		【L】	
CRT	103	FCC	158	LP	199
CV 値	40	FID	32	LQG	6
CV 特性曲線	41	FIF	7		

索引

【M】

MES	57
MILP	210
MINLP	210
MLR	168
MPC	170

【N】

NIR センサ	168
NTC	15

【P】

P & ID	132
PCA	168
PCS	57
PFC	195
PID	68, 69
PID 形 PID 制御アルゴリズム	68
PID 制御	66
PID 制御アルゴリズム	66
PLS	168
PRD モード動作	74

【S】

SAC	195
SCC	6
SFC	150
SOP	124
SSC	57
STEP	138

【T】

TCD	30

―― 編著者略歴 ――

高津　春雄（たかつ　はるお）
1973年　東京工業大学工学部制御工学科卒業
1973年　北辰電機製作所（現横河電機(株)）勤務，現在に至る
1984年　東京工業大学大学院修士課程修了（システム科学専攻）

プロセス制御
Process Control　　　　　　　© (社)計測自動制御学会 2003

2003年1月23日　初版第1刷発行

| 検印省略 | 編　　者 | 社団法人
計 測 自 動 制 御 学 会
東京都文京区本郷1-35-28-303 |

編著者　　高　津　春　雄
発行者　　株式会社　コ ロ ナ 社
　　　　　代表者　　牛 来 辰 巳
印刷所　　壮光舎印刷株式会社

112-0011　東京都文京区千石4-46-10
発行所　株式会社　コ ロ ナ 社
CORONA PUBLISHING CO., LTD.
Tokyo Japan
振替 00140-8-14844・電話(03)3941-3131(代)
ホームページ http://www.coronasha.co.jp

ISBN 4-339-03361-8　　（金）　（製本：グリーン）
Printed in Japan

無断複写・転載を禁ずる
落丁・乱丁本はお取替えいたします

産業制御シリーズ

(各巻A5判)

■企画・編集委員長　木村英紀
■企画・編集幹事　新　誠一
■企画・編集委員　江木紀彦・黒崎泰充・高橋亮一・美多　勉

			頁	本体価格
1.	制御系設計理論とCADツール	木村・美多 新　・葛谷共著	172	2300円
2.	ロボットの制御	小島利夫著	168	2300円
3.	紙パルプ産業における制御	神長・森 大倉・川村共著 佐々木・山下	256	3300円
4.	航空・宇宙における制御	畑　　　剛 泉達司共著 川口淳一郎	208	2700円
5.	情報システムにおける制御	大前　力 平井洋武編著 涌井伸二	246	3200円
6.	住宅機器・生活環境の制御	鷲野翔一編著 田中　博	248	3300円
7.	農業におけるシステム制御	橋本・村瀬 大下・森本共著 鳥居	200	2600円
8.	鉄鋼業における制御	高橋亮一著	192	2600円
9.	化学産業における制御	伊藤利昭編著	224	2800円

以下続刊

自動車の制御　大畠・山下共著
船舶・鉄道車両の制御　寺田・高岡
井床・西　共著
渡邊・黒崎
環境・水処理産業における制御　黒崎・宮本
栗山・前田共著

エネルギー産業における制御　松村・平山・中原編著
構造物の振動制御　背戸一登著

定価は本体価格＋税です。
定価は変更されることがありますのでご了承下さい。

図書目録進呈◆

現代制御シリーズ

(各巻A5判)

■編集委員 中溝高好・原島文雄・古田勝久・吉川恒夫

配本順			頁	本体価格
1. (1回)	信号解析とシステム同定	中溝 高好 著	248	3000円
2. (2回)	制御系CAD	梶原 宏之 著	228	2700円
3. (3回)	オブザーバ	岩井善太・井上昭・川路茂保 共著	272	3300円
4. (5回)	モーションコントロール	土原手島康彦文雄 共著	242	3200円
5. (4回)	ディジタルコントロール	古田 勝久 著	276	3400円
7. (9回)	アダプティブコントロール	鈴木 隆 著	270	3500円
8. (6回)	ロバスト制御	木村英紀・藤森武隆雄宏 共著	210	2600円
9. (7回)	ボンドグラフによるシミュレーション	J.U.トーマ・須田信英 共著	314	4000円
10. (8回)	H^∞ 制御	木村 英紀 著	270	3400円

以下続刊

6. ロボットマニピュレータ　高瀬 国克 著

計測技術シリーズ

(各巻A5判, 欠番は品切です)

■(社)日本計量振興協会編

配本順		頁	本体価格
1. (2回)	重さの計測	220	2400円
2. (1回)	騒音と振動の計測	282	3500円
5. (5回)	温度の計測	228	2900円
6. (6回)	長さの計測(上)	172	2200円
7. (7回)	長さの計測(下)	158	1900円

定価は本体価格+税です。
定価は変更されることがありますのでご了承下さい。

図書目録進呈◆

システム制御工学シリーズ

(各巻A5判)

■編集委員長　池田雅夫
■編集委員　足立修一・梶原宏之・杉江俊治・藤田政之

配本順			頁	本体価格
1.(2回)	システム制御へのアプローチ	大須賀 公二／足立 修 共著	190	2400円
2.(1回)	信号とダイナミカルシステム	足立 修一著	216	2800円
3.(3回)	フィードバック制御入門	杉江 俊治／藤田 政之 共著	236	3000円
4.(6回)	線形システム制御入門	梶原 宏之著	200	2500円
5.(4回)	ディジタル制御入門	萩原 朋道著	232	3000円
7.(7回)	システム制御のための数学(1) －線形代数編－	太田 快人著	266	3200円
12.(8回)	システム制御のための安定論	井村 順一著	250	3200円
13.(5回)	スペースクラフトの制御	木田 隆著	192	2400円

以下続刊

6. システム制御工学演習　池田 雅夫編／足立・梶原・杉江・藤田 共著
8. システム制御のための数学(2) －関数解析編－　太田 快人著
9. 多変数システム制御　池田・藤崎 共著
10. ロバスト制御系設計　杉江 俊治著
11. $H\infty/\mu$制御系設計　原・藤田 共著
　　サンプル値制御　早川 義一著
　　むだ時間・分布定数系の制御　阿部・児島 共著
　　プロセス制御システム　大嶋 正裕著
　　信号処理
　　状態推定の理論　内田・山中 共著
　　行列不等式アプローチによる制御系設計　小原 敦美著
　　適応制御　宮里 義彦著
　　非線形制御理論　三平 満司著
　　ロボット制御　横小路泰義著
　　線形システム解析　汐月 哲夫著

定価は本体価格+税です。
定価は変更されることがありますのでご了承下さい。

図書目録進呈◆

電気・電子系教科書シリーズ

(各巻A5判)

■編集委員長　高橋　寛
■幹　事　　　湯田幸八
■編集委員　　江間　敏・竹下鉄夫・多田泰芳
　　　　　　　中澤達夫・西山明彦

配本順				頁	本体価格
4.	(3回)	電 気 回 路 Ⅱ	遠藤 勲・鈴木靖郎 共著	208	2600円
6.	(8回)	制 御 工 学	下奥 二鎮・西平正郎 共著	216	2600円
9.	(1回)	電 子 工 学 基 礎	中澤達夫・藤原勝幸 共著	174	2200円
10.	(6回)	半 導 体 工 学	渡辺英夫 著	160	2000円
13.	(2回)	ディジタル回路	伊原充博・若海弘夫・吉沢昌純 共著	240	2800円
14.	(11回)	情報リテラシー入門	室賀 進・山下也巌 共著	176	2200円
18.	(10回)	アルゴリズムとデータ構造	湯田幸八・伊原充博 共著	252	3000円
19.	(7回)	電 気 機 器 工 学	前田 勉・新谷弘弥 共著	222	2700円
20.	(9回)	パワーエレクトロニクス	江間 敏・高橋 勲 共著	202	2500円
22.	(5回)	情 報 理 論	三木成彦・吉川英機 共著	216	2600円
25.	(4回)	情報通信システム	岡田 裕・桑原正史 共著	190	2400円

以下続刊

1.	電 気 基 礎	柴田・皆藤共著	2.	電 気 磁 気 学	多田・柳田・柴田共著
3.	電 気 回 路 Ⅰ	多田・須田共著	5.	電気・電子計測工学	西山・吉沢共著
7.	ディジタル制御	青木・西堀共著	8.	ロ ボ ッ ト 工 学	白水 俊之著
11.	電 気・電 子 材 料	中澤・藤原・森山・服部・押田 共著	12.	電 子 回 路	須田・土田共著
15.	プログラミング言語Ⅰ	湯田 幸八著	16.	プログラミング言語Ⅱ	柚賀・松林共著
17.	計 算 機 シ ス テ ム	春日・舘泉共著	21.	電 力 工 学	江間・甲斐共著
23.	通 信 工 学	竹下 鉄夫著	24.	電 波 工 学	松田・南部共著
26.	自 動 設 計 製 図				

定価は本体価格+税です。
定価は変更されることがありますのでご了承下さい。

図書目録進呈◆

機械系教科書シリーズ

(各巻A5判)

- ■編集委員長　木本恭司
- ■幹　　　事　平井三友
- ■編集委員　青木　繁・阪部俊也・丸茂榮佑

	配本順		著者	頁	本体価格
1.	(12回)	機械工学概論	木本 恭司 編著	236	2800円
2.	(1回)	機械系の電気工学	深野 あづさ 著	188	2400円
3.	(2回)	機械工作法	平井三友・和田任弘・塚本晃久 共著	196	2400円
4.	(3回)	機械設計法	三田純義・朝比奈奎一・黒田孝春・山口健二 共著	264	3400円
5.	(4回)	システム工学	古川正志・荒井田村・吉浜井克・浜斎己 共著	216	2700円
6.	(5回)	材料学	久保井徳洋・樫原恵蔵 共著	218	2600円
7.	(6回)	問題解決のための Cプログラミング	佐藤次男・中村理一郎 共著	218	2600円
8.	(7回)	計測工学	前田良昭・木村一郎・押田至啓 共著	220	2700円
9.	(8回)	機械系の工業英語	牧野州秀之・生水雅也 共著	210	2500円
10.	(10回)	機械系の電子回路	高橋晴雄・阪部俊也 共著	184	2300円
11.	(9回)	工業熱力学	丸茂榮佑・木本恭司 共著	254	3000円
12.	(11回)	数値計算法	藪忠司・伊藤悼 共著	170	2200円
13.	(13回)	熱エネルギー・環境保全の工学	井田民男・木本恭司・山﨑友紀 共著	240	2900円
14.	(14回)	情報処理入門 ―情報の収集から伝達まで―	松下浩一・今城武明・宮下義 共著	216	2600円
15.	(15回)	流体の力学	坂田光雄・坂本雅彦 共著	208	2500円

以下続刊

機械力学	青木 繁 著	工業力学	吉村・米内山 共著
材料力学	中島 正貴 著	機構学	重松・小川・樫本 共著
材料強度学	境田・岩谷・中島 共著	伝熱工学	丸茂・矢尾・牧野 共著
流体機械工学	佐藤・金澤・浦西・澤村 共著	熱機関工学	越智・老固 共著
塑性加工学	小畠 耕二 著	CAD/CAM	望月 達也 著
生産工学	下田・櫻井 共著	精密加工学	田口・明石 共著
ロボット工学	早川 恭弘 著	自動制御	阪部 俊也 著

定価は本体価格+税です。
定価は変更されることがありますのでご了承下さい。

図書目録進呈◆

メカトロニクス教科書シリーズ

(各巻A5判)

■編集委員長　安田仁彦
■編集委員　末松良一・妹尾允史・高木章二
　　　　　　藤本英雄・武藤高義

配本順			頁	本体価格
1.(4回)	メカトロニクスのための**電子回路基礎**	西 堀 賢 司著	264	3200円
2.(3回)	メカトロニクスのための**制御工学**	高 木 章 二著	252	3000円
3.(1回)	**アクチュエータの駆動と制御**	武 藤 高 義著	180	2300円
4.(2回)	**センシング工学**	新 美 智 秀著	180	2200円
5.(7回)	**ＣＡＤとＣＡＥ**	安 田 仁 彦著	202	2700円
6.(5回)	**コンピュータ統合生産システム**	藤 本 英 雄著	228	2800円
8.(6回)	**ロボット工学**	遠 山 茂 樹著	168	2400円
9.(11回)	**画像処理工学**	末松良一・山田宏尚共著	238	3000円
10.(9回)	**超精密加工学**	丸 井 悦 男著	230	3000円
11.(8回)	**計測と信号処理**	鳥 居 孝 夫著	186	2300円
14.(10回)	**動的システム論**	鈴 木 正 之他著	208	2700円
16.(12回)	メカトロニクスのための**電磁気学入門**	高 橋 　 裕著	232	2800円

以下続刊

7. **材料デバイス工学**　妹尾・伊藤共著
12. **人工知能工学**　古橋・鈴木共著
13. **光工学**　羽根一博著
15. メカトロニクスのための**トライボロジー入門**　田中・川久保共著

定価は本体価格+税です。
定価は変更されることがありますのでご了承下さい。

図書目録進呈◆

大学講義シリーズ

（各巻A5判，欠番は品切です）

配本順		著者	頁	本体価格
（2回）	通信網・交換工学	雁部 顕一著	274	3000円
（3回）	伝送回路	古賀利郎著	216	2500円
（4回）	基礎システム理論	古田・佐野共著	206	2500円
（6回）	電力系統工学	関根泰次他著	230	2300円
（7回）	音響振動工学	西山静男他著	270	2600円
（8回）	改訂 集積回路工学（1） —プロセス・デバイス技術編—	柳井・永田共著	252	2900円
（9回）	改訂 集積回路工学（2） —回路技術編—	柳井・永田共著	266	2700円
（10回）	基礎電子物性工学	川辺和夫他著	264	2500円
（11回）	電磁気学	岡本允夫著	384	3800円
（12回）	高電圧工学	升谷・中田共著	192	2200円
（14回）	電波伝送工学	安達・米山共著	304	3200円
（15回）	数値解析（1）	有本 卓著	234	2800円
（16回）	電子工学概論	奥田孝美著	224	2700円
（17回）	基礎電気回路（1）	羽鳥孝三著	216	2500円
（18回）	電力伝送工学	木下仁志他著	318	3400円
（19回）	基礎電気回路（2）	羽鳥孝三著	292	3000円
（20回）	基礎電子回路	原田耕介他著	260	2700円
（21回）	計算機ソフトウェア	手塚・海尻共著	198	2400円
（22回）	原子工学概論	都甲・岡共著	168	2200円
（23回）	基礎ディジタル制御	美多 勉他著	216	2400円
（24回）	新電磁気計測	大照 完他著	210	2500円
（25回）	基礎電子計算機	鈴木久喜他著	260	2700円
（26回）	電子デバイス工学	藤井忠邦著	274	3200円
（27回）	マイクロ波・光工学	宮内一洋他著	228	2500円
（28回）	半導体デバイス工学	石原 宏著	264	2800円
（29回）	量子力学概論	権藤靖夫著	164	2000円
（30回）	光・量子エレクトロニクス	藤岡・小原 齊藤 共著	180	2200円
（31回）	ディジタル回路	高橋 寛他著	178	2300円
（32回）	改訂 回路理論（1）	石井順也著	200	2500円
（33回）	改訂 回路理論（2）	石井順也著	210	2700円
（34回）	制御工学	森 泰親著	234	2800円

以下続刊

電気機器学　中西・正田・村上共著	電力発生工学　上之園親佐著
電気物性工学　長谷川英機著	電気・電子材料　家田・水谷共著
通信方式論　森永・小牧共著	情報システム理論　長谷川・高橋・笠原共著
数値解析（2）　有本 卓著	現代システム理論　神山真一著

定価は本体価格+税です。
定価は変更されることがありますのでご了承下さい。

図書目録進呈◆

計測・制御テクノロジーシリーズ

(各巻A5判)

■(社)計測自動制御学会 編

配本順				頁	本体価格
5.		産業応用計測技術	黒森健一他著		近刊
8.	(1回)	線形ロバスト制御	劉 康志著	228	3000円
11.	(4回)	プロセス制御	高津春雄編著	232	3200円
17.	(2回)	システム工学	中森義輝著	238	3200円
19.	(3回)	システム制御のための数学	田村捷利／武藤康彦／笹川徹史 共著	220	3000円

以下続刊

1. 計測技術の基礎	山崎弘郎／田中充 共著	2. センシングのための物理と数理	本多敏／出口光一郎 共著
3. 電子回路とセンサ応用	安藤繁著	4. 計測・制御のための信号処理	河田聡／中村収 共著
6. 動的システム	木村英紀／須田信英／原辰次 共著	7. フィードバック制御	細江繁幸／荒木光彦 共著
9. システム同定と制御	秋月影雄／和田清／大松繁 共著	10. アドバンスト制御	大森浩充著
12. ロボティクス ─ロボット制御の理論─	ロボティクス部会編著	13. ビークル	金井喜美雄他著
14. 画像処理	中嶋正之著	15. 信号処理入門	小畑秀文／田村安孝／浜田望 共著
16. 新しい人工知能 ─その知識社会の諸問題への応用─	國藤進他著	18. 音声信号処理論 ─音声の生成・知覚から合成・認識へ─	赤木正人著
20. 情報数学 ─現代情報技術のための基礎数学─	浅野孝夫著		

定価は本体価格+税です。
定価は変更されることがありますのでご了承下さい。

図書目録進呈◆